21世纪高等学校计算机规划教材

21st Century University Planned Textbooks of Computer Science

大学计算机基础实验教程

A Coursebook on Fundamental Experiment of Computer

顾良翠 王敏珍 主编

赵立英 刘帅 编著

U0318578

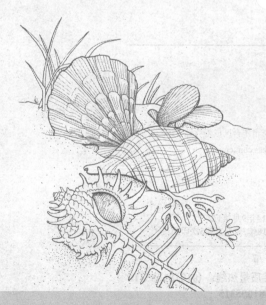

高校系列

人民邮电出版社

北 京

图书在版编目（CIP）数据

大学计算机基础实验教程 / 顾良翠，王敏珍主编；
赵立英，刘帅编著. — 北京 ：人民邮电出版社，
2014.9（2018.7重印）
21世纪高等学校计算机规划教材. 高校系列
ISBN 978-7-115-36160-8

Ⅰ. ①大… Ⅱ. ①顾… ②王… ③赵… ④刘… Ⅲ.
①电子计算机－高等学校－教材 Ⅳ. ①TP3

中国版本图书馆CIP数据核字(2014)第153829号

内 容 提 要

本书是与《大学计算机基础教程》（史晓峰、刘超主编，人民邮电出版社出版）配套使用的实验教材。

全书按照教育部高等学校非计算机专业计算机基础课程教学指导委员会提出的教学要求，参考教学指导委员会制定的最新教学大纲编写而成，旨在培养学生的计算机综合应用能力，加深学生对理论知识的理解和掌握。

本书安排的实验内容与主教材紧密配合，以具体操作任务为驱动，将基础知识融入实际的操作过程之中。内容包括：计算机基础、Windows 7 操作系统、Office 办公软件、Access 数据库、多媒体技术、计算机网络、程序设计。在每章后面还有相应的自测题供学生巩固学习。另外提供的综合练习供学生考前复习使用。

本书可作为大学计算机基础课程的实验教材，也可单独作为计算机技能培训的参考书。

◆ 主 编 顾良翠 王敏珍
  编 著 赵立英 刘 帅
  责任编辑 武恩玉
  责任印制 彭志环 焦志炜
◆ 人民邮电出版社出版发行　　北京市丰台区成寿寺路 11 号
  邮编 100164　电子邮件 315@ptpress.com.cn
  网址 http://www.ptpress.com.cn
  北京市艺辉印刷有限公司印刷
◆ 开本：787×1092　1/16
  印张：15.75　　　　　　2014年9月第1版
  字数：418千字　　　　　2018年7月北京第5次印刷

定价：36.00 元
读者服务热线：(010)81055256　印装质量热线：(010)81055316
反盗版热线：(010)81055315
广告经营许可证：京东工商广登字20170147号

前言

随着计算机技术的不断普及，学生进入高校前的计算机能力逐年提高。"大学计算机基础"课程是学生进入高校后的第一门计算机课程。作为一门基础性课程，非计算机专业的"大学计算机基础"课程要重基础、重技能、重应用，实施计算机素质教育，以更好地为专业服务。教育部高等学校非计算机专业计算机基础课程教学指导委员会制定了"关于进一步加强高等学校计算机基础教学的意见"暨"计算机基础课程教学基本要求（简称"白皮书"），提出了新教学要求和最新教学大纲。为了加强非计算机专业"大学计算机基础"课程的实验教学环节，培养学生的实际应用能力，我们根据教学指导委员会的要求，结合多所院校的实际情况和多年的改革实践成果，编写了这本书。

本书是与《大学计算机基础教程》（史晓峰、刘超主编，人民邮电出版社出版）配套使用的实验教材，以主教材中的课程知识点为主线，精心设计了内容新颖、涉及面广、应用性强的实验任务。在编写实验时，特别突出了以下特点：

（1）充分考虑学生的基础差异，各章实验从易到难，学生可以根据具体情况参考实验指导步骤进行操作；

（2）以具体操作任务为驱动，将基础知识融入实际操作过程之中，从而达到理论知识和实际操作融会贯通的目的；

（3）强化实验的实用性，通过实验调动学生的学习积极性，使学生掌握各种实用的计算机技术。

本书由顾良翠、王敏珍任主编。顾良翠统稿，刘超审定。"一切为了教学，一切为了读者"是我们的心愿，书中不足之处，敬请读者指正。

编 者
2014 年 6 月

目　录

第1章
计算机基础

实验一　微型计算机的配置及安装

【实验目的】

1. 了解微型计算机的内部结构及基本组成。
2. 熟悉计算机各部件之间的连接及整机配置。
3. 掌握微型计算机的安装方法及注意要点。

【上机指导】

1.1　微型计算机的硬件配置及安装

1. 微型计算机的硬件组成

选择一款性能良好的计算机，就等于选择一个好帮手。自己配置的计算机是按照自己的要求Do it yourself（DIY），更符合我们自己的使用习惯。DIY 不是简单的攒机。选择 DIY 更多是因为性价比高以及更为灵活的装机方案。

在我们组装计算机时，不仅要考虑整机的价格、各组成部件的品牌、型号，更重要的是考虑各部件之间的兼容性及部件搭配，使得 DIY 出来的微机具有更高的性价比。

微型计算机的基本组成包括主板、CPU、CPU 风扇、内存、显卡、机箱、电源、硬盘、显示器、键鼠，下面选择重要部件进行介绍。

（1）主板。主板和 CPU 是我们首先考虑的重要部件，因为它决定了整台机器的平台。主板的品牌有很多，包括华硕、微星、技嘉、Intel、昂达、七彩虹等，每个品牌中又有多种型号及价格，大家可根据自己的用途和价格进行选择。如果经常进行制图或大型游戏，对主板稳定性要求较高，可以选择一线大品牌，否则，可选择价格低廉的小品牌。主板厂商主要提供 Intel 平台、AMD 平台的主板如图 1-1 和图 1-2 所示。

（2）CPU。主板确定了，意味着 CPU 的选择范围大大缩小，只有主板支持的 CPU 才能入选。那么在这些 CPU 当中，我们该如何做出正确的选择？下面我们做详细的介绍。

① CPU 核心。核心又称为内核，是 CPU 最重要的组成部分。CPU 中间那块隆起的芯片就是核心，即我们平时称作核心芯片或 CPU 内核的地方，这颗由单晶硅做成的芯片可以说是计算机的大脑了，是由单晶硅以一定的生产工艺制造出来的，CPU 所有的计算、接受/存储命令、处理数据都由核心执行。各种 CPU 核心都具有固定的逻辑结构，一级缓存、二级缓存、执行单元、指令级

单元和总线接口等逻辑单元都会有科学的布局。

图 1-1　AMD 平台的主板

图 1-2　Intel 平台的主板

② CPU 前端总线频率、外频及主频。前端总线的速度指的是数据传输的速度，外频是 CPU 与主板之间同步运行的速度。

CPU 的外频通常为系统总线的工作频率（系统时钟频率）、CPU 与周边设备传输数据的频率，具体是指 CPU 到芯片组之间的总线速度。外频是 CPU 与主板之间同步运行的速度，在 486 之前的绝大部分计算机系统中外频，也是内存与主板之间同步运行的速度。在这种方式下，可以理解为 CPU 的外频直接与内存相连通，实现两者间的同步运行状态。

CPU 的主频，即 CPU 内核工作的时钟频率（CPU Clock Speed）。通常所说的某某 CPU 是多少兆赫的，而这个多少兆赫就是"CPU 的主频"。很多人认为 CPU 的主频就是其运行速度，其实不然。CPU 的主频表示在 CPU 内数字脉冲信号震荡的速度，与 CPU 实际的运算能力并没有直接关系。由于主频并不直接代表运算速度，所以在一定情况下，很可能会出现主频较高的 CPU 实际运算速度较低的现象。

③ 缓存。CPU 缓存（Cache Memory）是位于 CPU 与内存之间的临时存储器，它的容量比内存小得多，但是交换速度却比内存要快得多。按照数据读取顺序和与 CPU 结合的紧密程度，CPU 缓存可以分为一级缓存、二级缓存，部分高端 CPU 还具有三级缓存，每一级缓存中所储存的全部数据都是下一级缓存的一部分，这三种缓存的技术难度和制造成本是相对递减的，所以其容量也是相对递增的。当 CPU 要读取一个数据时，首先从一级缓存中查找，如果没有找到，再从二级缓存中查找，如果还是没有找到就从三级缓存或内存中查找。一般来说，每级缓存的命中率大概都在 80%。也就是说，全部数据量的 80% 都可以在一级缓存中找到，只剩下 20% 的总数据量才需要从二级缓存、三级缓存或内存中读取。由此可见，一级缓存是整个 CPU 缓存架构中最为重要的部分，常见 CPU 如图 1-3 所示。

（3）内存。内存是计算机中重要的部件之一，它是与 CPU 进行沟通的桥梁。计算机中所有程序的运行都是在内存中进行的，因此内存的性能对计算机的影响非常大。内存由内存芯片、电路板、金手指等部分组成，如图 1-4 所示。内存选择需要注意以下两方面。

图 1-3　目前常用的 CPU

图 1-4　内存条

① 内存类型。DDR 和 DDR2 内存的频率可以用工作频率和等效频率两种方式表示，工作频率是内存颗粒实际的工作频率，但是由于 DDR 内存可以在脉冲的上升和下降沿都传输数据，因此传输数据的等效频率是工作频率的两倍；而 DDR2 内存每个时钟能够以四倍于工作频率的速度读/写数据，因此传输数据的等效频率是工作频率的四倍。

② 内存主频。内存主频习惯上被用来表示内存的速度，它代表着该内存所能达到的最高工作频率。内存主频是以 MHz（兆赫）为单位来计量的。在一定程度上，内存主频越高代表着内存所能达到的速度越快。内存主频决定着该内存最高能在什么样的频率正常工作。

（4）显卡。显卡作为计算机主机里的一个重要组成部分，承担输出显示图形的任务，对于从事专业图形设计的人来说显卡比较重要。民用显卡图形芯片供应商主要包括 AMD（超微半导体）和 Nvidia（英伟达）两家，如图 1-5 所示。选择显卡时应注意以下 4 个方面。

图 1-5　显卡

① 总线接口类型。PCI Express 的接口根据总线位宽不同而有所差异，包括 X1、X4、X8 以及 X16（X2 模式将用于内部接口而非插槽模式）。较短的 PCI Express 卡可以插入较长的 PCI Express 插槽中使用。PCI Express 规格从 1 条通道连接到 32 条通道连接，有非常强的伸缩性，以满足不同系统设备对数据传输带宽不同的需求。

② 核心类型。显卡核心就是指显卡的 GPU，GPU 是显示卡的"心脏"，也就相当于 CPU 在计算机中的作用，它决定了该显卡的档次和大部分性能。

③ 核心频率。显卡的核心频率是指显示核心的工作频率，其工作频率在一定程度上可以反映出显示核心的性能，但显卡的性能是由核心频率、显存、像素管线、像素填充率等多方面的因素决定的，因此在显示核心不同的情况下，核心频率高并不代表此显卡性能强劲。

④ 显存类型、容量、位宽及频率。衡量显卡快慢的因素依次是：显卡核心 > 显存位宽 > 显存频率 > 显存大小，显存带宽 = 显存频率×位宽÷8，显卡核心好比汽车发动机，显存位宽好比输油管的宽度，显存频率好比油流动的速度。因此带宽就好比输油的快慢，显存大小好比油箱的大小。

（5）机箱、电源。机箱一般包括外壳、支架、面板上的各种开关、指示灯等。机箱作为计算机配件中的一部分，主要用于放置和固定计算机配件，起着一个承托和保护作用。此外，计算机机箱具有屏蔽电磁辐射的重要作用。

① 机箱类型。机箱有多种类型。现在市场比较普遍的是 AT、ATX、Micro ATX 以及最新的 BTX-AT 机箱（全称应该是 BaBy AT，主要应用到只能支持安装 AT 主板的早期机器中）。ATX 机箱是目前最常见的机箱，支持现在绝大部分类型的主板。Micro ATX 机箱是在 AT 机箱的基础上建立的，为了进一步节省桌面空间，因而比 ATX 机箱体积要小一些，如图 1-6 所示。

② 电源。计算机电源（见图 1-7）是一种安装在主机箱内的封闭式独立部件，它的作用是将交流电通过一个开关电源变压器转换为 5V、−5V、+12V、−12V、+3.3V 等稳定的直流电，以供应主机箱内主板及插件，硬盘驱动及各种适配器扩展卡等系统部件使用。

电源的功率不是越大越好。经测试，一台带 Modem 卡、网卡、声卡、光驱、硬盘的 PⅡ多媒体主机实际功率不足 150W，所以不能盲目追求大功率，关键在于电源总体性能和质量，对于普通用户，300W 的电源绰绰有余。

图 1-6　机箱

图 1-7　电源

目前为 PC 配电源时，一般来说越高端的计算机所需要的电源应在 450W 以上，而入门级的计算机也应该提升到 350W 以上，如果外设增多或者还要加装风扇，那么应该多留出空余功率，以防计算机出现故障。

1.2　微型计算机的硬件安装

1．安装电源

把电源放在机箱的电源固定架上，使电源上的螺丝孔和机箱上的螺丝孔一一对应，拧上螺丝。

2．安装 CPU

在将主板装进机箱前最好先将 CPU 和内存安装好，以免影响 CPU 等的顺利安装。

① 稍向外/向上用力拉开 CPU 插座上的手柄，提升至 90°角的位置。

② 将 CPU 上针脚有缺针的部位对准插座上的缺口，再将 CPU 轻轻按下去。如果 CPU 的第一脚位置不正确，CPU 无法插入，请立即更换至正确位置。

③ 在散热风扇的散热片上贴上散热胶带，或在 CPU 上涂上散热膏。

④ 装上 CPU 散热风扇，扣紧。需要注意的是每个压杆都只能沿一个方向压下，如图 1-8 所示。

图 1-8　安装 CPU 风扇

3．安装内存

主板上有 4 个长条形的插槽为内存插槽。

（1）将内存插槽两端的白色手柄拔开。

（2）按照插槽的方向将内存条插入内存插槽中。

（3）在内存条两端均匀用力往下按，当听到响声，并且插座两端的白色手柄卡住内存条时表示内存安装好，如图 1-9 所示。取下时，只要用力按下插槽两端的卡子，内存条就会被推出插槽。

图 1-9　内存条安装

注意　　　内存条插在离 CPU 最近的第一组内存插槽上，这样系统最稳定。

开机正常时，喇叭提示响声为一声（在 AWARDBIOS 中），若是几声响，可能内存条安装不正确，拔下来重新安装一次。

4．安装主板

在主板上装好 CPU 和内存后，即可将主板装入机箱中。主板的主要功能是为 CPU、内存、显卡、声卡、硬盘、驱动器等设备提供一个可以正常稳定运作的平台。

（1）把主板放在机箱的底板上，观察对应孔位，决定在哪几个位置用铜柱和塑料柱将主板固定在底板上。选定孔位的原则是：保证主板安装平稳，拔插扩展卡时不会使主板弯曲。

（2）用几个铜柱和塑料柱把主板固定在机箱底板上。

（3）将机箱的 RESET 键连线连接到主板的 RESET 插针上。

5．安装外部存储设备

外部存储设备一般指硬盘。

（1）设定硬盘为主设备（Master），这也是硬盘出厂时的默认设置（当主板安装后，与 IDE 连接）。

（2）将硬盘金属盖面向上，由机箱内部推入硬盘安放机仓（一般在软驱下面），尽量靠前，但又与机箱前面板间保持一点距离。

（3）左右各用两颗螺钉将其固定在机仓内。如有可能，最好与软驱间隔一个仓位，以利散热。

6．安装显卡、声卡、网卡

显卡、声卡、网卡等插卡式设备的安装大同小异。

（1）安装显卡。安装显卡可分为硬件安装和驱动安装两部分。硬件安装就是将显卡正确地安装到主板上的显卡插槽（AGP 插槽）中，其需要掌握的要点主要是 AGP 插槽的类型；其次，在安装显卡时一定要关掉电源，并注意要将显卡安装到位。

（2）安装声卡。

① 将声卡插入空闲 PCI 插槽中，如图 1-10 所示。

② 用螺丝将声卡固定在机箱壳上。

（3）安装网卡。先确认机箱电源在关闭的状态下，将网卡插入机箱的某个空闲的扩展槽中，插的时候注意要对准插槽；用两只手的大姆指把网卡插入插槽内，一定要把网卡插紧；上好螺钉，并拧紧；最后，将做好的网线上的水晶头连接到网卡的 RJ45 接口上，如图 1-11 所示。

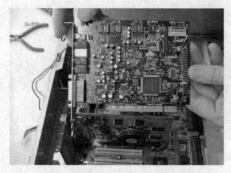
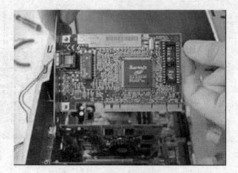

图 1-10　安装声卡　　　　　　　　　图 1-11　安装网卡

7．连接外部设备

（1）安装显示器。

① 把显示器侧放。

② 显示器底部有安装底座的安装孔，还有几个用来固定显示器底部的塑料弯钩。

③ 安装底座：第一步是将底座上突出的塑料弯钩与显示器底部的小孔对准，要注意插入的方

向；第二步是将显示器底座按正确的方向插入显示器底部的插孔内；第三步是用力推动底座；第四步是听见"咔"的一声响，显示器底座就已固定在显示器上了。

④ 连接显示器的电源：将显示器电源连接线的另外一端连接到电源插座上。

⑤ 连接显示器的信号线：把显示器后部的信号线与机箱后面的显卡输出端相连接，显卡的输出端是一个 15 孔的三排插座，只要将显示器信号线的插头插到上面就行了。

（2）连接鼠标、键盘。键盘和鼠标是现在 PC 中最重要的输入设备，必须安装。键盘和鼠标的安装很简单，只需将其插头对准缺口方向插入主板上的键盘、鼠标插座即可。

【实验作业】

1. 自己动手配置一台计算机。要求了解各部件的当前市场价格，配置一台价格在 4000～5000 元，功能齐全、性价比高的个人计算机。

2. 在条件允许的情况下，将一台计算机主机箱内部的部件进行拆卸，之后再进行组装。

实验二　基本指法

【实验目的】

1. 认识键盘分区及各个键位。

2. 掌握键盘的使用方法。

3. 进行基本指法练习。

【实验工具和准备】

一台安装了 Windows 7 操作系统的计算机。

【上机指导】

2.1　观察键盘布局（见图 1-12），了解正确指法，并掌握功能键的用法

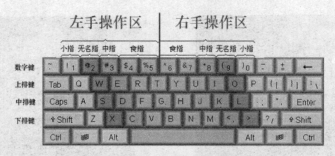

图 1-12　指法键位分配

常用键的作用如下表所示。

按键	名称	作用
Space	空格键	按一下产生一个空格
Backspace	退格键	删除光标左边的字符
Shift	换档键	同时按下 Shift 和具有上下档字符的键，上档符起作用
Ctrl	控制键	与其他键组合成特殊的控制键

按键	名称	作用
Alt	控制键	与其他键组合成特殊的控制键
Tab	制表定位	按一次，光标向右跳 8 个字符位置
CapsLock	大小写转换键	CapsLock 灯亮为大写状态，否则为小写状态
Enter	回车键	命令确认，且光标到下一行
Ins(Insert)	插入覆盖转换	插入状态是在光标左面插入字符，否则覆盖当前字符
Del(Delete)	删除键	删除光标右边的字符
PgUp(PageUp)	向上翻页键	光标定位到上一页
PgDn(PageDoWn)	向下翻页键	光标定位到下一页
NumLock	数字锁定转换	NumLock 灯亮时，小键盘数字键起作用，否则为下档的光标定位键起作用
Esc	强行退出	可废除当前命令行的输入，等待新命令的输入；或中断当前正执行的程序

2.2　练习正确的指法

1. 打开"记事本"窗口。
2. 输入特殊符号。
3. 输入下列大小写英文字符。
4. 输入中文文字。

【实验作业】

打开"记事本"窗口，将下列内容输入记事本，并保存上交。

1. 输入下列符号，各符号之间加 1 个空格

（在输入符号时，有些符号在双字符键的上档，在输入这些符号时，先按住 Shift 键不放，再按下符号键。Shift+字母的组合也可以用来输入单个大写字母。）

_ `'"，．.:;?\ ～ !@#$%^&|(){}[]<>+-*/=

2. 大小写字母的输入练习

Innovation distinguishes between a leader and a follower--- Steve Paul Jobs

Innovation has no limits. The only limit is your imagination. It's time for you to begin thinking out of the box. If you are involved in a growing industry, think of ways to become more efficient; more customer friendly; and easier to do business with. If you are involved in a shrinking industry – get out of it quick and change before you become obsolete; out of work; or out of business. And remember that procrastination is not an option here. Start innovating now!

3. 中文的输入练习

专家介绍，流感是由流感病毒引起的一种急性呼吸道传染病。流感病毒可分为甲(A)、乙(B)、丙(C)三型。其中，甲型流感依据流感病毒特征可分为 HxNx 共 135 种亚型，H7N9 亚型禽流感病毒是其中一种，既往仅在禽间发现，未发现过人的感染情况。禽流感病毒在阳光直射下也会失去活性。病毒在直射阳光下 40～48 小时即可灭活，如果用紫外线直接照射，可迅速破坏其传染性。平时衣物多晒太阳，也是预防禽流感最简单有效的方法。

测试题

一、选择题

1. 电子计算机的工作原理可概括为（　　）。

　　A. 程序设计　　　　B. 运算和控制　　　C. 执行指令　　　　D. 存储程序和程序控制

2. 计算机突然停电，则计算机（　　）中的数据会全部丢失。

　　A. 硬盘　　　　　　B. 光盘　　　　　　C. RAM　　　　　　D. ROM

3. 某单位的工资管理软件属于（　　）。

　　A. 工具软件　　　　B. 应用软件　　　　C. 系统软件　　　　D. 编辑软件

4. 世界上的第一台电子计算机诞生于（　　）。

　　A. 中国　　　　　　B. 日本　　　　　　C. 德国　　　　　　D. 美国

5. 下列设备中属于可反复刻录的设备是（　　）。

　　A. CD-ROM　　　　B. DVD-ROM　　　C. CD-R　　　　　D. CD-RW

6. 下列四个不同进制数中，最大的一个是（　　）。

　　A. 十进制数 45　　B. 十六进制数 2E　C. 二进制数 110001　D. 八进制数 57

7. 现代集成电路使用的半导体材料通常是（　　）。

　　A. 铜　　　　　　　B. 铝　　　　　　　C. 硅　　　　　　　D. 碳

8. 存储 400 个 24×24 点阵汉字字形所需的存储容量是（　　）。

　　A. 255KB　　　　　B. 75KB　　　　　　C. 37.5KB　　　　　D. 28.125KB

9. 打印机是电脑系统的主要输出设备之一，分为（　　）两大系列产品。

　　A. 喷墨式和非击打式　　　　　　　　B. 击打式和非击打式

　　C. 喷墨式和激光式　　　　　　　　　D. 喷墨式和针式

10. 计算机字长取决于哪种总线的宽度（　　）。

　　A. 控制总线　　　　B. 数据总线　　　　C. 地址总线　　　　D. 通信总线

二、填空题

1. 运算器是能完成算术运算和（　　）运算的装置。

2. 内存中的每一个存储单元都被赋予一个唯一的序号，该序号称为（　　）。

3. 微机存储器中的 RAM 代表（　　）存储器。

4. 显示器所显示的信息每秒钟更新的次数称为（　　）。

5. 用屏幕水平方向上显示的点数乘垂直方向上显示的点数来表示显示器清晰度的指标，通常称为（　　）。

6. KB、MB 和 GB 都是存储容量的单位，1GB=（　　）KB。

7. 计算机中系统软件的核心是（　　），它主要用来控制和管理计算机的所有软硬件资源。

8. 键盘是一种（　　）设备。

9. 用（　　）编制的程序计算机能直接识别。

10. 用任何计算机高级语言编写的程序（未经过编译）习惯上称为（　　）。

三、判断题

1. 在计算机的各种输入设备中，只有键盘能输入汉字。（　　）

2. 不同厂家生产的计算机一定互相不兼容。(　　　)

3. 一个 CPU 所能执行的全部指令的集合，构成该 CPU 的指令系统，每种类型的 CPU 都有自己的指令系统。(　　　)

4. CPU 与内存的工作速度几乎差不多，增加 Cache 只是为了扩大内存的容量。(　　　)

5. PC 机的主板上有电池，它的作用是在计算机断电后，给 CMOS 芯片供电，保持芯片中的信息不丢失。(　　　)

6. 文字、图形、图像、声音等信息，在计算机中都被转换成二进制数进行处理。(　　　)

7. 蓝牙是一种近距离无线数字通信的技术标准，适合在办公室或家庭使用。(　　　)

8. GIS 是地理信息系统的缩写，它可应用于测绘，制图及环境管理等领域。(　　　)

9. Java 语言是一种面向对象的程序设计语言，特别适用于网络环境的软件开发。(　　　)

10. 计算机信息系统的特征之一是涉及的数据量大，因此必须在内存中设置缓冲区，用以长期保存系统所使用的这些数据。(　　　)

第2章
Windows 7 操作系统

实验一　Windows 7 的基本操作

【实验目的】
1. 掌握 Windows 7 操作系统的界面及基本操作。
2. 掌握 Windows 7 窗口的基本操作方法。
3. 掌握如何定制个性化工作环境。
4. 掌握 Windows 7 画图工具等小工具的使用方法。

【上机指导】

1.1　Windows 7 的基本操作

1. 登录和注销、睡眠、休眠与关机

按下计算机开机电源后，如无计算机开机密码和操作系统密码则自动登录到 Windows 7 操作系统桌面，如图 2-1 所示。当用户希望退出当前账户时，可以单击【开始】按钮，单击【关机】按钮右侧的小黑三角，在菜单中选择"注销"命令，如图 2-2 所示。

图 2-1　Windows 7 桌面图标

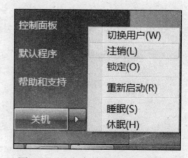

图 2-2　退出当前账户的几种方式

当用户暂时不需要使用计算机时，可以让系统进入睡眠状态，以节约能源。在菜单中选择【睡眠】命令进入睡眠状态，按任意键恢复工作状态。

当用户长时间不使用电脑，又不想中断当前工作时，可以让其进入休眠状态，这是 Windows 7 操作系统所有节能状态中最省电的一种。选择菜单中的"休眠"命令即可。

2. 认识桌面元素

桌面是用户启动 Windows 7 之后见到的主屏幕区域，包括开始菜单、任务栏、桌面图标等部分。默认用户、网络、回收站、计算机 4 个图标，如图 2-3 所示。

3. 显示/隐藏及调整桌面图标

如果要临时隐藏所有桌面图标，而并不删除它们，可以右击桌面上任意空白处，执行"查看"命令。然后，清除"显示桌面图标"复选标记。可以通过再次复选该标记来显示这些图标，如图 2-4 所示。

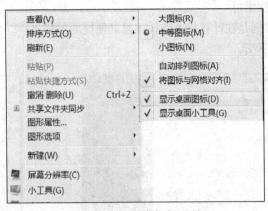

图 2-3　默认的 4 个图标　　　　　　　　　图 2-4　显示/隐藏桌面图标

桌面上的图标可以通过使用不同的视图进行调整。右击桌面上任意空白处，执行"查看"命令。然后分别执行"大图标"、"中等图标"、"小图标"命令来调整不同的视图，如图 2-5 所示。

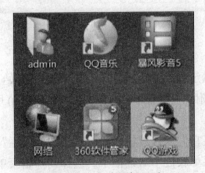

图 2-5（a）　大图标显示　　　　　　　图 2-5（b）　小图标显示

4. 桌面小工具

右击桌面任意空白处，执行"小工具"命令，如图 2-6 所示。在打开的窗口中，右击【时钟】图标，执行"添加"命令即可，如图 2-7 所示。

图 2-6　桌面"小工具"　　　　　　　图 2-7　添加"时钟"小工具

5. 自定义开始菜单

① "开始"菜单的组成

单击屏幕左下角的【开始】按钮打开菜单，如图 2-8 所示。菜单由三部分组成，其中左边大窗格显示计算机上程序的一个短列表。选择【所有程序】项目，可以显示程序的完整列表；窗格下方是搜索框，通过输入搜索项可以在计算机上搜索程序和文件；右面窗格提供对常用文件夹文件进行设置和功能的访问。

② 搜索框

搜索框是在计算机上查找项目最便捷的方法之一。例如，查找名字为"教学资料"的文件，如图 2-9 所示。

图 2-8　"开始"菜单

图 2-9　搜索框

③ 将程序图标锁定在"开始"菜单

为快速打开应用程序，用户可以将程序快捷方式锁定到"开始"菜单顶部。单击【开始】按钮，然后在菜单中右击程序图标（如桌面小工具），执行"附到开始菜单"命令即可，如图 2-10 所示。

④ 清除最近打开的文件或程序

清除"开始"菜单最近打开的文件或程序，会将它们从计算机删除。右击"任务栏"空白区域，执行"属性"命令，在打开的"任务栏和开始菜单属性"对话框中，选择"开始菜单"选项卡。然后在【隐私】区域中禁用"存储并显示最近在开始菜单中打开的程序"和"存储并显示最近在开始菜单和任务栏中打开的项目"复选框，单击【确定】按钮，如图 2-11 所示。

图 2-10　将程序图标锁定到任务栏

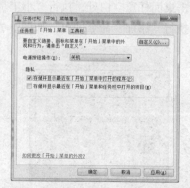

图 2-11　禁用"存储并显示最近打开的文件"

6. 自定义任务栏

① 任务栏概述

任务栏由三部分组成，左侧是【开始】按钮，用于打开"开始"菜单；中间部分显示已打开的程序或文件，并可以在它们之间快速切换；右侧部分即"通知区域"，包括时钟以及一些告知特定程序和计算机设置状态的图标，如图 2-12 所示。

图 2-12　状态栏

最右边的【显示桌面】按钮可以在当前状态下以透视的方式快速浏览桌面内容，如图 2-13 所示。

② 锁定及解锁任务栏

图 2-13　【显示桌面】

在 Windows 7 中可以将程序直接锁定到"任务栏"，以便快速方便地打开该程序，而无需在"开始"菜单中查找程序。如果程序正在运行，右击"任务栏"中的程序图标，执行"将此程序锁定到任务栏"命令即可。若要重新解锁该程序，则执行"将此程序从任务栏解锁"命令，如图 2-14 所示。

图 2-14（a）　将程序锁定到状态栏

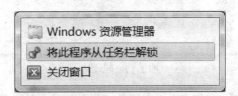

图 2-14（b）　将程序从状态栏解锁

③ 自动隐藏任务栏

右击"任务栏"，在菜单中选择"属性"命令，打开"任务栏和开始菜单"属性对话框，在"任务栏"选项卡的"任务栏外观"区域中，启动"自动隐藏任务栏"复选框，单击【确定】按钮，如图 2-15 所示。如果"任务栏"被隐藏，移动鼠标指向上次看到它的位置，"任务栏"将自动显示出来。

④ 跳转列表

单击【开始】按钮，指向靠近"开始"菜单顶部某个锁定的程序或最近实用的程序，指向旁边的箭头即可查看"跳转列表"，如图 2-16 所示。

图 2-15　自动隐藏任务栏

图 2-16　跳转列表

7. 回收站

"回收站"主要用来存放用户临时删除的文档资料。管理好回收站可以方便用户日常的文档维护工作。

① 双击桌面上的【回收站】图标，打开"回收站"窗口，删除的文件都显示在"回收站"中。如图 2-17 所示，可以单击【清空回收站】和【还原所有项目】按钮将回收站清空，或将回收站中的文件或文件夹还原。

② 右击【回收站】图标，在快捷菜单中选择"属性"一项，打开"属性"对话框，如图 2-18 所示。

图 2-17　回收站

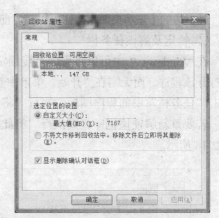

图 2-18　"回收站"属性对话框

可以设置回收站的大小，以及删除文件时是否显示消息提示框。

1.2　Windows 7 窗口操作

窗口操作是 Windows 7 系统中最基本的内容，也是重要的操作。熟练掌握窗口的基本操作可以使用户轻松地使用窗口进行文件管理。对窗口的操作通常采用键盘与鼠标结合的方式，鼠标的操作通常有以下 4 种。

① 指向：是使鼠标指针指向某一具体项的动作。在传统操作风格中，指向动作往往是鼠标其他动作如单击、双击或拖动的先行动作。"指向"通常有两种用法：一是打开子菜单，例如，当用鼠标指针指向"开始"菜单中的"所有程序"时，就会弹出"程序"菜单；二是弹出提示文字，当用鼠标指针指向某些按钮时，会弹出一些文字说明该按钮的功能。例如，在 Microsoft Word 2010 中，当鼠标指针指向 █ 按钮时，就会弹出提示文字"保存"。

② 单击：快速地按一次鼠标左键后再释放的动作。单击操作是最为常用的操作方法，常用来激活窗口或选取对象。

③ 双击：快速地连续按两次鼠标左键。两次单击鼠标左键的时间间隔不能太长，否则系统会认为是两次单独的单击行为，而不作为一次双击处理。在 Windows 7 中通过对鼠标的设置调节系统默认两次单击的间隔时间，以便使该操作符合用户的使用习惯。

④ 右击：单击鼠标的右键。在 Windows 7 中有很多情况下可以使用右击方式，以加快操作速度。通常在某个区域或某个对象上，右击鼠标就会弹出一个快捷菜单，在菜单中列出了针对当前对象可以进行的常用操作，用户单击某个项目，就可执行相应的功能，这种方法能够极大限度地提高用户的操作效率。

1. 关闭窗口

双击桌面上的【计算机】图标，即可打开"计算机"窗口，如图 2-19 所示。若要关闭"计算机"窗口，可以单击右击窗口右侧 ⬛ 按钮或者右击"计算机"窗口内标题栏的空白处，在快捷菜单中选择"关闭"命令，如图 2-20 所示。

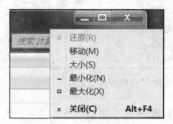

图 2-19　"计算机"窗口　　　　　　　图 2-20　"关闭"窗口

2. 移动窗口

在窗口标题栏上按住鼠标左键不放，然后拖曳，即可移动窗口位置。在 Windows 7 中，将窗口拖曳到特定位置会有特定效果：拖曳至桌面左右两侧可使窗口半屏显示；拖曳至桌面顶端可使窗口全屏显示。

3. 调整窗口大小

若要调整窗口大小，将鼠标指向窗口的任意边框或角，当指针变成双向箭头时，拖动边框或角可以缩小或放大窗口，如图 2-21 所示。

图 2-21　鼠标指针缩放窗口

4. 隐藏窗口

隐藏窗口也称最小化窗口，如果使窗口临时消失而不关闭，则可以将其最小化。有以下两种方法。

方法一：单击【最小化】按钮。

单击"计算机"窗口标题栏右侧的 ▬ 按钮，使该窗口在桌面隐藏，仅显示在任务栏中。

方法二：利用晃动功能。

使用该功能可以快速最小化其他所有打开的窗口，仅保留用户当前正在晃动的窗口。要保持"计算机"窗口，则只需来回晃动该窗口标题栏即可。

5. 自动排列窗口

在 Windows 7 中，多个窗口可以以不同方式排列在桌面上。

① 层叠窗口

右击"任务栏"任意空白处，在弹出的快捷菜单中选择"层叠窗口"命令，如图 2-22 显示，即可使窗口在桌面上层叠显示，如图 2-23 所示。

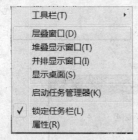

图 2-22　窗口排列快捷方式

图 2-23　层叠排列窗口

② 堆叠显示窗口

右击"任务栏"任意空白处，在弹出的快捷菜单中选择"堆叠显示窗口"命令，即可使多个窗口在桌面上纵向排列显示，如图 2-24 显示。

图 2-24　堆叠排列窗口

③ 并排显示窗口

右击"任务栏"任意空白处，在弹出的快捷菜单中选择"并排显示窗口"命令，即可使多个窗口在桌面上横向排列显示，如图 2-25 显示。

图 2-25　并排显示窗口

6. 切换窗口

当用户打开多个程序或文档时，一些窗口可能会部分或完全覆盖其他窗口。此时需要在窗口间进行切换。主要有以下 3 种方式。

① 使用任务栏

每个窗口在任务栏上都有相应的按钮，如要切换到 Word 窗口，只需单击其在任务栏的图标即可。如无法通过任务栏识别某个特定窗口时，可以通过用鼠标指向任务栏中的按钮，然后从缩略图预览中选择要切换的窗口。如图 2-26 所示，指向"网络"窗口。

② 使用快捷键

按住键盘 Alt+Tab 键，在桌面上显示一个窗口，在窗口上排列着各窗口的对象图标，每按一次 Tab 键，可以顺序选择下一个窗口图标，如图 2-27 所示。

图 2-26　窗口缩略图

图 2-27　快捷键切换窗口

③ 使用 Aero 三维窗口

Aero 三维窗口切换可以快速预览打开的所有窗口。按下 Windows 7 徽标键+Tab 组合键，所有窗口以立体方式堆叠显示。按住徽标键不放，然后连续按 Tab 键，即可循环切换窗口，直到需要的窗口显示在最前面之后，放开徽标键，如图 2-28 所示。

图 2-28　Aero 三维窗口

1.3　个性化与系统常用设置

1. 设置桌面主题

在 Windows 7 中，桌面主题分为基本主题和 Aero 主题两类，其中 Aero 主题更为美观，功能更强大。

Aero 主题

① 右击桌面空白区域，执行"个性化"命令，如图 2-29 所示。

② 在"个性化"窗口中，选择 Aero 主题（如"自然"），如图 2-30 所示。

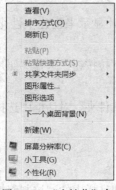

图 2-29　"个性化"命令

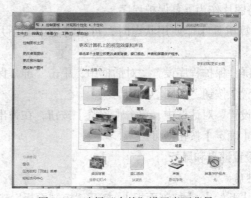

图 2-30　选择"自然"设置桌面背景

2. 创建桌面背景幻灯片放映

① 右击桌面空白区域，执行"个性化"命令，单击【桌面背景】图标，如图 2-31 所示。

桌面背景	窗口颜色	声音	屏幕保护程序
放映幻灯片	淡紫色	群花争艳	无

图 2-31 选择"桌面背景"图标

② 在"图片位置"下拉列表中选择"图片库"选项。设置"更改图片时间间隔"选项，单击【保存修改】按钮，桌面背景将不再是单一的图片，可以以幻灯片的方式显示图片，如图 2-32 所示。

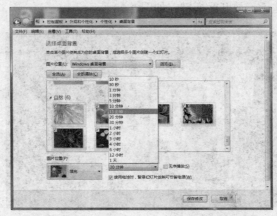

图 2-32 以幻灯片方式更改桌面背景

3. 设置屏幕保护程序

① 打开或关闭屏幕保护程序

右击桌面空白区域，执行"个性化"命令，单击【屏幕保护程序】图标，如图 2-31 所示。在"屏幕保护程序设置"对话框中，单击【屏幕保护程序】下拉按钮，选择"变幻线"选项。设置"等待时间"选项为 5 分钟，单击【确定】按钮，如图 2-33 所示。

如用户想关闭屏幕保护程序，则在"屏幕保护程序设置"对话框中，单击【屏幕保护程序】下拉按钮，选择【无】选项即可。

② 将图片作为屏幕保护程序

在计算机处于非使用状态时，可以将选中的图片作为幻灯片显示来创建个性化的屏幕保护程序。

在"屏幕保护程序设置"对话框中，单击"屏幕保护程序"下拉按钮，选择"照片"选项。单击【设置】按钮，如图 2-34 所示。

在"设置"对话框中，单击【预览】按钮，在弹出的"预览文件夹"对话框中选择需要的图片，单击【确定】按钮即可。

4. 设置键盘和鼠标

① 键盘

单击【开始】/【控制面板】，打开"控制面板"窗口，单击地址栏中的"控制面板"后的黑三角，选择列表中的"所有控制面板选项"，如图 2-35 所示。单击【键盘】/【属性】，在打开的

"键盘属性"对话框中，拖动滑块设置字符重复延迟和重复速度，如图 2-36 所示。

图 2-33　以幻灯片方式更改桌面背景图

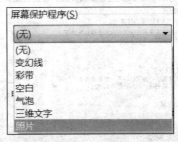

图 2-34　设置屏幕保护程序

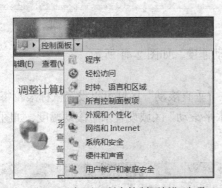

图 2-35　打开"所有控制面板"选项

图 2-36　"键盘属性"对话框

② 鼠标

● 调换鼠标左右按键及设置鼠标双击速度

单击"开始"菜单选择【控制面板】/【硬件和声音】区域，如图 2-37 所示。选择"查看设备和打印机"区域中的"鼠标"选项，如图 2-38 所示。

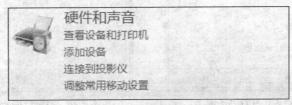

图 2-37　"硬件和声音"区域

图 2-38　选择"鼠标"

在下面的属性对话框中还可以调换鼠标左右按键及设置鼠标双击速度，如图 2-39 所示。

● 更改鼠标指针

在上面的属性对话框中还可更改鼠标指针，在"指针"选项卡中可以选择所需的指针类型，如图 2-40 所示。

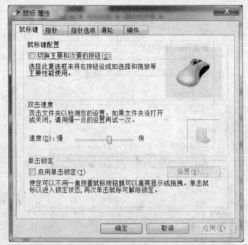

图 2-39　设置鼠标的双击速度及切换左右键　　　图 2-40　设置鼠标指针类型

● 在"指针选项"选项卡中可以设置鼠标的移动速度，如图 2-41 所示。

● 设置鼠标滚轮

在上面的属性对话框中选择"滑轮"选项卡，在"垂直滚动"区域可以设置鼠标滚轮每转动一个齿格画面垂直滚动多少，默认为 3 行。还可在"水平滚动"区域设置水平滚动幅度，如图 2-42 所示。

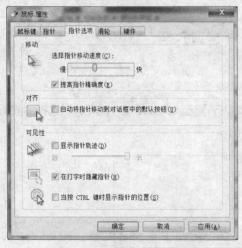
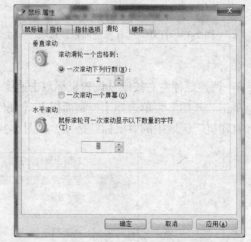

图 2-41　设置鼠标指针移动速度　　　图 2-42　设置鼠标的滚轮滚动行数

5. 设置日期和时间

① 打开"控制面板"对话框，选择"时钟、语言和区域"选项，如图 2-43 所示。

② 在打开的窗口中选择"时间和日期"区域中的"设置时间和日期"选项，在弹出的对话框中进行设置，如图 2-44 所示。

图 2-43　"日期和时间"区域

6. 音量与音效调整

① 系统音量调节

单击桌面右下角通知区域的音量图标（小喇叭），在弹出的画面中拖曳滑块，即可调整系统音量，如图 2-45 所示。

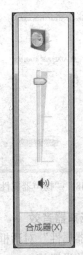

图 2-44　设置"日期和时间"　　　图 2-45　系统音量调节

如果需要调整某个应用程序的音量，而不影响其他应用程序，则在弹出的画面中选择【合成器】链接文字。在弹出的对话框中，每个应用程序都有单独的音量调节滑块，拖曳即可调节，如图 2-46 所示。

② 调节左右声道音量

右键单击左面右下角的音量图标，在弹出的快捷菜单中选择"播放设备"命令，打开"声音"对话框，如图 2-47 所示。

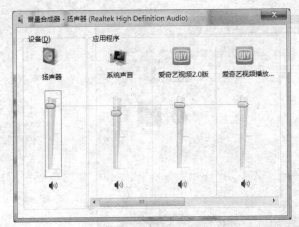

图 2-46　单独调整应用程序音量　　　图 2-47　"声音"对话框

在"声音"对话框中选择播放设备（通常是扬声器），单击【属性】按钮，打开"扬声器属性"对话框，如图 2-48 所示。

在"扬声器属性"对话框中选择"级别"选项卡，然后单击最上方的【平衡】按钮，拖曳滑块即可调整左右声道，如图 2-49 所示。

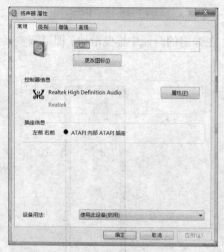

图 2-48　"扬声器属性"对话框

图 2-49　调整左右声道

7. 设置扬声器音效

在"扬声器属性"对话框中选择要使用的声音效果，然后在下方的"设置"下拉菜单中还可以选择该效果的设置值。

1.4　安装与卸载程序

1. 安装程序

除了少数软件可以无需安装直接运行外，大多数 Windows 程序都需要安装之后才能使用。各种程序的安装步骤大同小异，下面以在线音乐播放程序"QQ 音乐"为例，示范如何安装应用程序。

① 打开 IE 浏览器，在网上搜索"QQ 音乐"的安装文件，如图 2-50 所示。

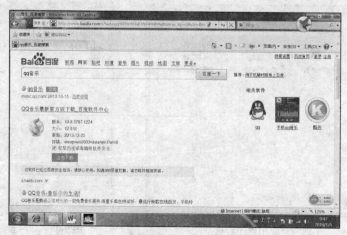

图 2-50　网上搜索

② 单击【官方下载】按钮，选择文件保存位置，开始下载，如图 2-51 所示。

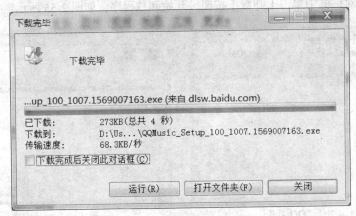

图 2-51　"下载完毕"对话框

③ 启动安装向导，通常是欢迎界面，单击【下一步】按钮继续，直至单击【完成】按钮，如图 2-52 所示。

图 2-52（a）　安装"QQ 音乐"

图 2-52（b）　安装完成

2. 卸载程序

当某个程序已经不再需要时，可以通过控制面板的程序管理功能将其从计算机中卸载，具体步骤如下。

① 单击【开始】按钮，选择"控制面板"选项，打开窗口选择"卸载程序"项，如图 2-53 所示。

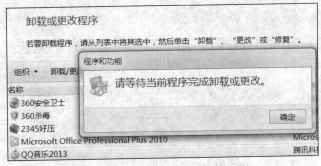

图 2-53　"卸载或更改程序"对话框

② 在"卸载程序"窗口列表中选择要卸载的程序，单击【卸载/更改】按钮，如图 2-54 所示。

③ 在弹出的对话框中单击【卸载】按钮，开始卸载程序，如图 2-55 所示。

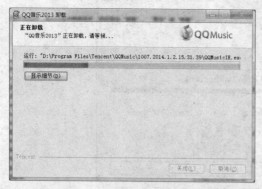

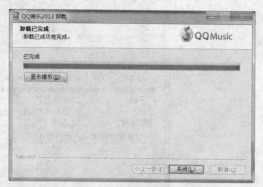

图 2-54　卸载"QQ 音乐"　　　　　　　　　图 2-55　卸载完毕

1.5　Windows 7 附件详解

1. 画图工具

画图是 Windows 中的一项基本功能，使用该功能可以绘制、编辑图片以及为图片着色。

① 单击【开始】按钮，执行【所有程序】/【附件】/【画图】命令。打开画图窗口，如图 2-56 所示。

② 查看图片

单击菜单栏中的按钮，在其下拉菜单中选择"打开"选项，在打开的对话框中选择一张图片，单击【打开】按钮即可查看，如图 2-57 所示。

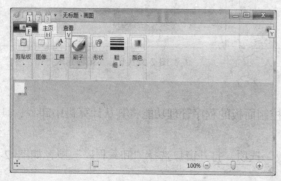

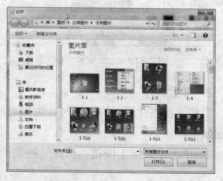

图 2-56　"画图"窗口　　　　　　　　　图 2-57　"打开"图片库

③ 绘制图片

用户可以使用某些工具和形状来绘制一些图形。如绘制直线、三角形……如图 2-58 所示。

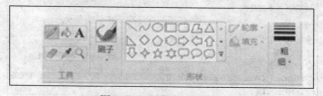

图 2-58　"图形"对话框

④ 添加文本

用户可以使用"文本"工具将文本添加到图片中。"主页"选项卡中，单击"工具"组中的【文本】按钮 **A**，在绘图区域单击鼠标左键，可生成文本区域。用户使用"文本"工具，同样可以设置字体颜色、字形、字号等，如图 2-59 所示。

⑤ 裁切图像

使用"裁切"工具可剪切图片，使图片只显示所选择的部分。单击"矩形选择"工具，拖动指针选择图片要显示的部分，在"图像"组中选择"裁切"按钮即可，如图 2-60 所示。

图 2-59　添加文本

图 2-60　"裁切"图片

⑥ 保存图像

单击【画图】按钮，在弹出的"保存为"对话框中，单击【保存】按钮即可。首次保存图片，在"文件名"文本框中输入名称，指定一个文件名；单击【保存类型】下拉按钮，选择图片保存的类型，如图 2-61 所示。

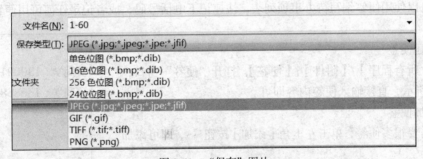

图 2-61　"保存"图片

2. 记事本

记事本是一个基本的文本编辑程序，最常用于查看和编辑文本，文件扩展名是".txt"。单击【开始】按钮，执行【所有程序】/【附件】/【记事本】命令，如图 2-62 所示。

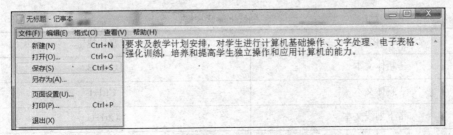

图 2-62　记事本

3. 截图工具

利用截图工具可以捕获屏幕上任何对象的屏幕快照或截图，然后添加注释，并对其进行保存或共享操作。

① 新建截图

选择【所有程序】/【附件】/【截图工具】，打开"截图工具"窗口，如图 2-63 所示。

② 显示截图边框

在"截图工具"主界面中，单击【选项】按钮，在对话框的"所选内容"区域中，启用"捕获截图后显示选择笔墨"复选框，单击【确定】按钮，如图 2-64 所示。

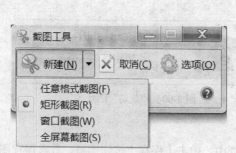

图 2-63　截图工具

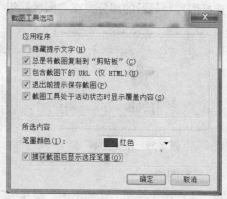

图 2-64　截图工具选项

4．使用便签

用户可以使用便签编写待办事项列表，快速记下电话号码，或者记录任何可用便签纸记录的内容。

① 新建便签

选择【所有程序】/【附件】/【便签】，打开"便签"窗口，如图 2-65 所示，直接输入便签内容即可。

② 添加便签

如果需要很多便签，单击左上角【添加】按钮 ＋，即可添加便签。

③ 删除便签

单击右上角的【删除】按钮 ×，即可删除便签。

图 2-65　使用"便签"

④ 便签文本格式化

用户可以通过快捷键方式对文本进行格式化，见表 2-1。

表 2-1　　　　　　　　　　　　　　　　"格式化"快捷键

格式化类型	键盘快捷键
粗体文本	Ctrl+B
斜体文本	Ctrl+I
带下划线文本	Ctrl+U
删除线	Ctrl+T
放大文本	Ctrl+Shift+>
缩小文本	Ctrl+Shift+<

【实验作业】

以下题目全部要求将截图写入实验报告中，比较 Printscreen 键和 Alt+Printscreen 键的区别，学习利用"开始\所有程序\附件\画图"程序完成图片的剪裁。

1. 熟悉 Windows 7 桌面元素，掌握开机、切换用户、注销、睡眠、休眠的使用方法。

2. 对已经删除的应用程序，可以打开回收站进行观察，然后还原该应用程序。将桌面上的回收站图标锁定到任务栏，然后解锁。

3. 观察任务栏上的图标，调整任务栏位置，显示、隐藏任务栏，利用【显示桌面】按钮透视观察桌面。

4. 掌握小工具的使用方法，打开"日历"小工具，观察当天日期，然后关闭。

5. 窗口操作

① 熟练掌握鼠标的几种操作方法，打开"计算机"窗口，学习【最小化】按钮、【最大化】按钮、【关闭】按钮的使用方法。

② 任意移动窗口位置。

③ 利用 Aero 晃动最小化窗口。

④ 任意打开几个应用程序窗口，采用层叠、堆叠、并排方式显示窗口。

⑤ 利用任务栏切换窗口。

⑥ 利用 Aero 三维窗口快速浏览各窗口。

6. 对桌面进行个性化设置

① 选择 Aero 主题，设置桌面。

② 选择几幅喜欢的图片，以幻灯片放映的方式设置桌面。

③ 设置屏幕保护程序，选择"气泡"选项。设置"等待时间"选项为 3 分钟。

7. 学习鼠标的设置及使用方法

① 切换鼠标的主要和次要按钮，使用观察后恢复设置。

② 根据实际需要调整鼠标双击速度。

③ 更改鼠标指针为"Windows 黑色（系统方案）"。

④ 设置鼠标的滚动幅度，一次滚动 4 行。

8. 学习安装和卸载应用程序

① 安装"酷我音乐盒"程序，体会安装应用程序的过程。

② 卸载"酷我音乐盒"程序。

9. 掌握 Windows 7 附件功能的使用

（1）"画图"工具

① 利用"画图"工具绘制一幅图片。调整图片大小，并利用裁切工具进行裁剪，保存为".JPEG"格式。

② 在图片上添加文本，注明：制作人：***专业***班***人，保存该图片。

③ 打开计算机中的一幅图片。

④ 将该图片设置为桌面背景，观察后恢复之前的设置。

（2）"记事本"工具

利用"记事本"工具写一段文字，内容为：100 字以内的上机体会；字体选择"微软雅黑"，字形选择"粗体 斜体",字号设为"小五"。保存该文件并观察文件扩展名。

（3）截图工具

利用截图工具截取一幅图片，并保存。

（4）使用"便签"

新建一个便签，记录 5 个联系人的电话号码，利用快捷键将其中的文本设置为"粗体"、带项目符号列表，并且放大文本，然后保存。

实验二　Windows 7 的高级操作

【实验目的】

1. 学习使用 Windows 7 资源管理器。
2. 掌握 Windows 7 文件和文件夹的基本操作方法。
3. 掌握计算机的软、硬件管理。
4. 掌握如何进行系统维护。

【上机指导】

2.1　Windows 7 资源管理器

1. 打开资源管理器

右击【开始】按钮，选择"打开 Windows 资源管理器"，如图 2-66 所示。
利用资源管理器可以方便地存取文件。

2. 文件管理

（1）"库"式存储管理

图 2-66　Windows 7 资源管理器

Windows 7 在传统"树"状存储结构基础上，添加了一种新的"库"式存储结构。为了方便管理同一类型的文件，用户可以将它们加入到"库"中。默认情况下，Windows 7 已建有音乐、图片、视频、文档 4 个库，用户也可以根据需要新建库，然后指定要在该库中显示的文件位置。

① 新建"库"。

双击桌面上【计算机】图标，在打开的窗口中选择"库"，右键单击，在快捷菜单中选择【新建】/【库】，如图 2-67 所示。

在弹出的提示框中输入新建库的名称为"教学资料"。

② 查看【库】中内容。

右键单击"教学资料"库，在快捷菜单中选择"属性"命令，打开"属性"对话框，如图 2-68 所示。

单击【包括文件夹】按钮，在打开的对话框中指定要显示在该库中的文件夹，再单击【包括文件夹】按钮，按此步骤可以添加多个文件夹，单击【确定】按钮即可，如图 2-69 所示。

③ 删除【库】中的文件夹。

打开库的"属性"对话框，在"库位置"列表中选择文件夹名称，单击【删除】按钮即可。此方法不会将所选的文件夹从此磁盘删除，只是将文件夹内容不在此库中显示。

④ 删除【库】。

右击待删除的【库】名，在快捷菜单中选择【删除】项即可，如图 2-70 所示。

图 2-67　新建"库"

图 2-68　"教学资料"库

图 2-69　在库中添加文件夹

图 2-70　删除"库"

（2）查看和排列文件及文件夹。

查看文件和文件夹，可以使用户了解到此文件或文件夹的类型、大小、修改日期及内容等相关信息。

查看文件和文件夹属性有以下 3 种方式。

方法一：执行"属性"命令方式。

右击需要查看的文件或文件夹（如"自测题"）图标，然后执行"属性"命令即可，如图 2-71 所示。

方法二：查看【状态栏】方式。

单击要查看的文件或文件夹（如"自测题"）图标，在【状态栏】中将看到该文件的大小、类型等信息，如图 2-72 所示。

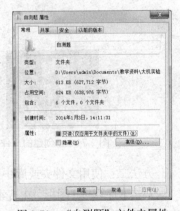

图 2-71　"自测题"文件夹属性

创建日期: 2014/1/3 14:11
大小: 613 KB
文件: 自测题1, 自测题2, 自测题3, 自测题4, 自测题5, 自测题6

图 2-72　状态栏显示文件夹属性

方法三：快速查看方式。

按 Alt 键，然后双击需要查看的文件或文件夹图标来快速查看其属性。

（3）创建文件和文件夹。

在 D 盘创建以"实验报告"命名的文件夹。

① 双击【计算机】图标，在打开的窗口中双击 D 盘图标，选择【文件】/【新建】/【文件夹】菜单命令，如图 2-73 所示。也可在 D 盘窗口中右击鼠标，在弹出的快捷菜单中选择【新建】/【文件夹】命令。

此时在窗口中出现名为"新建文件夹"的文件夹，如图 2-74 所示。

② 在"新建文件夹"处输入"实验报告"，按"Enter"键即可。

（4）文件及文件夹的查找、复制和移动。

① 查找。

Windows 7 提供了查找文件和文件夹的多种方法，在不同情况下可以使用不同方法。

方法一：使用 "开始"菜单上的搜索框

单击【开始】按钮，然后在搜索框中输入字词或字词的一部分（如输入"程序"），输入后，与所输入文本相匹配的项将出现在"开始"菜单上，如图 2-75 所示。

图 2-73　创建文件夹

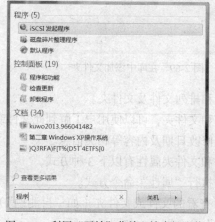

图 2-75　利用"开始"菜单上搜索框查找

图 2-74　已创建的文件夹

方法二：使用文件夹或库中的搜索框

双击【计算机】图标，在搜索框中输入字词或字词的一部分（输入"程序"），如图 2-76 所示。

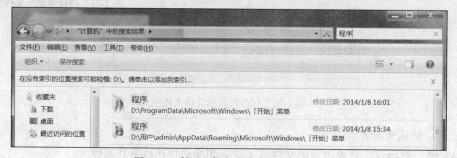

图 2-76　利用文件夹或库中搜索框查找

输入的同时，系统将筛选文件夹或库中的内容，以反射输入的每个连续字符。看到需要的文件后，即可停止输入。如果没有找到，则在"在以下内容中再次搜索"选项列表下，选择下列操作之一：

● 选择"计算机"选项

在整个计算机上搜索。

● 选择"自定义"选项

弹出"选择搜索位置"对话框，在"更改所选位置"区域下启用要搜索的位置所对应的复选框，如图 2-77 所示。

图 2-77　再次搜索选项

● 选择"Internet"选项

可以使用 Web 浏览器及默认搜索提供程序进行联机搜索。

② 复制。

复制文件有以下 3 种方法：

方法一：执行"复制"命令

例如，将"实验报告"文件夹复制到桌面，右击"实验报告"文件夹，在快捷菜单中选择"复制"命令，如图 2-78 所示。

在桌面右键单击鼠标，在快捷菜单中选择"粘贴"命令，如图 2-79 所示。

图 2-78　"复制"文件夹

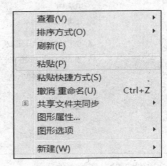

图 2-79　"粘贴"文件夹

方法二：利用快捷键方式

按"Ctrl+C"复制选中的文件。

按"Ctrl+V"粘贴选中的文件。

③ 移动。

方法一：执行"剪切"命令

右击"实验报告"文件夹，在快捷菜单中选择"剪切"命令，如图 2-78 所示。

在桌面右键单击鼠标，在快捷菜单中选择"粘贴"命令，即可以移动文件。

方法二：执行"发送到"命令

右击"实验报告"文件夹，在快捷菜单中选择"发送到"命令，如图 2-78 所示，然后指定要移动到计算机的位置（如"桌面快捷方式"）。

方法三：直接拖放方式

单击"实验报告"文件夹，拖动鼠标到"桌面"自己选定的位置，松开鼠标，如图 2-80 所示。

（5）文件和文件夹的重命名

右击要重命名的文件或文件夹如"实验报告"，在快捷菜单选择"重命名"命令，此时"实验报告"文件名变成反选状态，如图 2-81 所示。输入"实验报告 2014"，按"Enter"键即可更改。

图 2-80 鼠标拖动移动文件夹

图 2-81 重命名"实验报告"

（6）文件和文件夹的删除与恢复

删除文件和文件夹的几种方法。

● 选中要删除的文件或文件夹，按键盘上的"Del"键。

● 选中要删除的文件或文件夹，在选中文件或文件夹上右击，在弹出的快捷菜单上选择"删除"命令。

● 选中要删除的文件或文件夹，选择【文件】/【删除】命令。

① "实验报告"文件夹内文件名为"实验 4"的文件删除。

选中符合条件的文件，在选中文件上单击鼠标右键，在弹出的快捷菜单上选择"删除"命令，如图 2-82 所示。在弹出"删除文件"的确认窗口后，单击【是】，如图 2-83 所示。

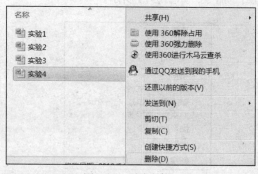

图 2-82 删除文件

图 2-83 确认删除

② 将已删除的"实验 1"文件还原。

● 双击桌面上的"回收站"图标，打开"回收站"窗口。

● 在"回收站"窗口中找到名为"实验 4"的文件并右击，在弹出的快捷菜单上选择"还原"命令，如图 2-84 所示。

（7）文件和文件夹属性的设置

① 将"实验报告"文件夹内的"实验 4"文件设为"只读"属性。

右击"实验 4"文件，在快捷菜单中选择"属性"，系统弹出"属性"对话框，选中"只读"复选框，如图 2-85 所示，单击【确定】按钮完成设置。

② 隐藏文件或文件夹。

在"实验报告"文件夹下新建一个文件夹"习题"，在该文件夹下新建一个文本文件，然后将文件夹"习题"隐藏。

● 创建"习题"文件夹以及在该文件夹内创建文本文件的方法前面已经介绍过，请参考前面内容创建。

● 打开"实验报告"文件夹，右击文件夹"习题"，在弹出的快捷菜单中选择"属性"，系统弹出"属性"对话框，在"隐藏"复选框上打钩，如图 2-86 所示。

图 2-84　还原文件

图 2-85　设置文件为"只读"属性

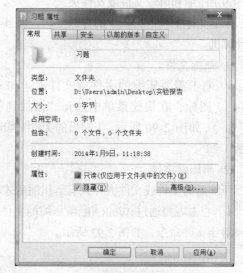

图 2-86　设置"隐藏"属性

● 单击【确定】按钮，弹出"确认属性更改"对话框，如图 2-87 所示。选择"将更改应用于此文件夹、子文件夹和文件"，然后单击【确定】按钮，则文件夹"习题"被隐藏。

（8）创建快捷方式

在桌面上创建"QQ 音乐"的快捷方式，然后将其添加到快速启动栏和"开始"菜单中。

① 在桌面上单击鼠标右键，在弹出的快捷菜单中选择【新建】/【快捷方式】，系统弹出"创建快捷方式"对话框，如图 2-88 所示。

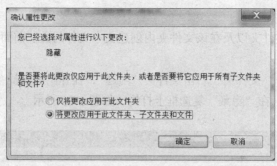

图 2-87　确认属性更改对话框

② 在"键入该快捷方式的名称"文本框中输入"QQ 音乐",单击【完成】按钮,桌面上即可出现"QQ 音乐"的快捷方式,如图 2-89 所示。

图 2-88　"创建快捷方式"对话框　　　　　　　　图 2-89　"QQ 音乐"快捷键

（9）压缩和解压文件或文件夹

压缩文件不仅占据较少的存储空间,而且与未压缩的文件相比,可以更快速地将其传输到其他计算机。

① 压缩文件。

● 右击需要压缩的文件或文件夹（如"教材 2014"）图标,在快捷菜单中选择"添加到压缩文件"命令,如图 2-90 所示。压缩后的文件夹如图 2-91 所示。

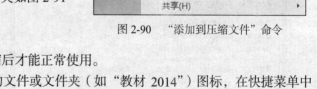

图 2-90　"添加到压缩文件"命令

② 解压缩文件。

压缩后的文件或文件夹,只有解压缩后才能正常使用。

● 右击需要通过 WinRAR 解压缩的文件或文件夹（如"教材 2014"）图标,在快捷菜单中选择解压文件命令,如图 2-92 所示。

　　　　　　　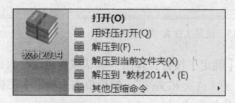

图 2-91　压缩后的文件夹　　　　　　　　图 2-92　"解压"文件夹

2.2　软件和硬件管理

计算机所能实现功能的多少,除了受计算机硬件的影响外,与操作系统内的软件也有关系。

1. 软件管理

更新只有在安装后才会生效，通常有以下三种方式：

方法一：自动下载安装

● 单击【开始】按钮，执行【所有程序】/【Windows Update】命令，如图 2-93 所示。在弹出的 "Windows Update" 窗口左侧，单击【更改设置】按钮，在 "选择 Windows Update 安装更新方法" 对话框中选择【重要更新】/【自动安装更新】，单击【确定】按钮，如图 2-94 所示。

图 2-93　【Windows Update】窗口

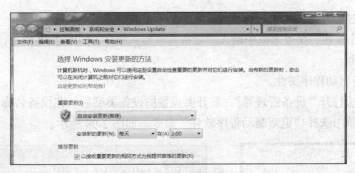

图 2-94　自动安装更新

方法二：自动下载手动安装

若设置为只通知当前有新的更新，而由用户自己手动选择安装时，可在 "选择 Windows Update 安装更新方法" 对话框中选择【重要更新】/【下载更新，但是让我选择是否安装更新】，单击【确定】按钮即可，如图 2-95 所示。然后在 "Windows Update" 窗口，单击【安装更新】按钮。

方法三：手动下载安装

若设置为只通知当前有新的更新，而由用户自己手动下载并安装更新，可在 "选择 Windows Update 安装更新方法" 对话框中选择【重要更新】/【检查更新，但是让我选择是否下载和安装更新】。

2. 设备管理器

用户可以利用设备管理器确定计算机上安装

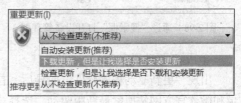

图 2-95　手动安装更新

了那些设备，更新这些设备的驱动程序软件，检查硬件是否正常工作，并修改硬件设置。

① 打开设备管理器。

方法一：通过【计算机】图标

● 右击【计算机】图标，选择"管理"命令，打开"计算机管理"窗口，选择"设备管理器"，如图 2-96 所示。

方法二：通过"运行"对话框

单击【开始】/"运行"命令，在对话框中输入"设备管理器"命令，如图 2-97 所示。单击【确定】按钮即可。

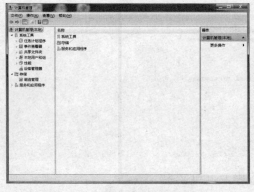
图 2-96 "设备管理器"窗口

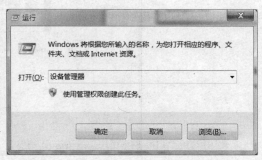
图 2-97 "运行"窗口

方法三：通过"开始"菜单

单击【开始】按钮，在搜索框中输入"设备管理器"命令，如图 2-98 所示，按"Enter"键也可打开设备管理器。

② 查看设备驱动程序属性。

用上面的方法打开"设备管理器"，展开要设置的设备类型后，在设备名称上单击鼠标右键，在弹出的快捷菜单中选择"更新驱动程序软件"命令，如图 2-99 所示。

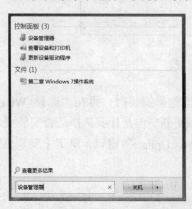
图 2-98 通过"搜索框"打开设备管理器

图 2-99 "更新驱动程序软件"命令

③ 更新驱动程序。

出现"更新驱动程序软件"向导后，首先要求选择搜索驱动程序的位置，如果在系统安装目录和微软官方网站搜索最新版驱动，选择"自动搜索更新的驱动程序软件"选项；如果在计算机的其他位置搜索新版驱动，则选择"浏览计算机以查找驱动程序软件"选项，本书选择后者，如

图 2-100 所示。

　　出现对话框提示计算机上的驱动程序文件时，单击"浏览"，在"浏览文件夹"对话框中指定保存目录，单击【确定】按钮，再单击【下一步】按钮，直至提示安装完成，如图 2-101 所示。

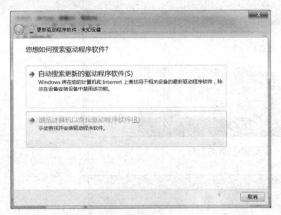
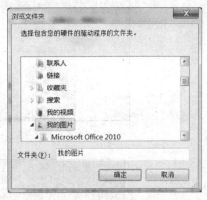

图 2-100　指定搜索驱动程序的位置　　　　　　　图 2-101　指定保存驱动的目录

　　④ 安装硬件驱动。

　　● 即插即用设备驱动的安装

　　即插即用设备（如 U 盘，移动硬盘等）与计算机连接，系统将自动安装该设备的驱动程序。

　　● 非即插即用设备驱动的安装

　　非即插即用设备驱动程序（如 HP2050 打印驱动程序）需要在网上下载，下载方法详见前面下载"QQ 音乐"方法，下面以安装"HP2050 打印机驱动程序"为例说明如何安装。

　　打开放置驱动程序安装文件的目录（这里放在 D：\360 安全浏览器），首先显示"安装协议和设置"界面，在"我已阅读并接受安装协议和设置"前勾选，如图 2-102 所示。

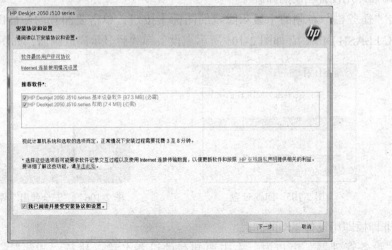

图 2-102　"安装协议和设置"界面

　　单击【下一步】按钮，打开"安装"界面，如图 2-103 所示。直到安装完成后显示如图 2-104 所示画面。

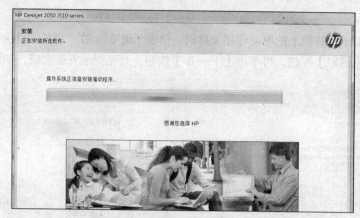

图 2-103 【安装】驱动程序

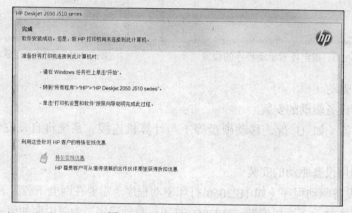

图 2-104 "安装完成"界面

⑤ 卸载硬件驱动

● 即插即用设备驱动的卸载

右击"任务栏"右侧的【显示隐藏的图标】按钮，单击要卸载的即插即用设备型号（如GENERIC FLASH DISK），如图 2-105 所示。设备卸载后显示完成画面，如图 2-106 所示。

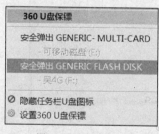

图 2-105 卸载 U 盘

图 2-106 "安全弹出"界面

● 非即插即用设备驱动的卸载

在"设备管理器"窗口中，右击要卸载的设备名称，执行"卸载"命令，如图 2-107 所示。

在弹出的"确认设备卸载"对话框中，勾选"删除此设备的驱动程序软件"复选框，单击【确定】按钮即可，如图 2-108 所示。

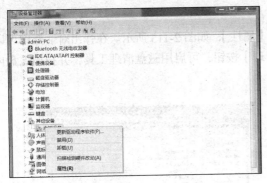

图 2-107　指定要卸载的设备

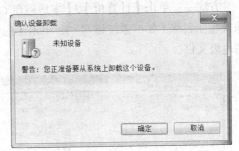

图 2-108　卸载设备

2.3　系统维护

用户可以通过系统自带的各种工具，如（诊断内存、磁盘清理、整理碎片整理、任务管理器等）对各种应用程序、数据及影响系统运行的重要参数进行维护和管理，从而达到维护操作系统、提高计算机运行速度的目的。

1. 诊断内存

方法一：利用搜索框

● 单击【开始】按钮，在搜索框中输入"内存诊断"，如图 2-109 所示。在打开的"Windows内存诊断"对话框中，选择运行该工具时间，如图 2-110 所示。

图 2-109　输入框输入"内存诊断"

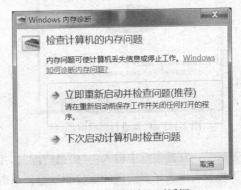

图 2-110　"内存诊断"对话框

方法二：利用控制面板

选择【开始】/【控制面板】，打开"控制面板"窗口，在窗口标题栏中单击"控制面板"后的【导航】按钮，选择"所有控制面板"选项，在"所有控制面板"窗口内单击【管理工具】按钮，如图 2-111 所示。

在【管理工具】窗口的右侧窗格内，双击【Windows 内存诊断】图标，打开对话框，如图 2-112所示。

2. 磁盘清理

磁盘清理程序可以删除临时文件、清空回收站并删除各种系统文件和其他不必要的文件。通过扫面磁盘可以查找出计算机内不需要的文件，从而实现释放计算机磁盘空间的目的。有 3 种方法进行磁盘清理：

方法一：单击【计算机】/【本地磁盘 C:】/【属性】，如图 2-113 所示。在弹出对话框中可以输入卷标名称（如"系统磁盘"），单击【磁盘清理】按钮，可启用磁盘清理工具，并扫描磁盘内的垃圾文件。

图 2-111　控制面板中选择【管理工具】

图 2-112　【Windows 内存诊断】选项

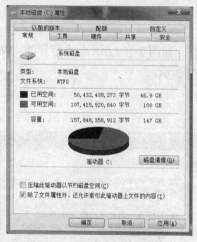

图 2-113　C 盘进行磁盘清理

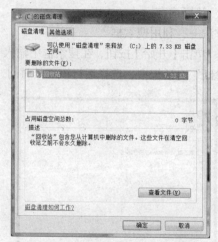

图 2-114　"本地磁盘 C:"的属性

方法二：在搜索框中输入："磁盘清理"，弹出"磁盘清理：驱动器选择"对话框，在"驱动器"下拉列表中选择要清理的磁盘驱动器，单击【确定】按钮也可。

单击【查看文件】按钮，如图 2-115 所示。在弹出的窗口中查看该文件类型包含的具体文件。

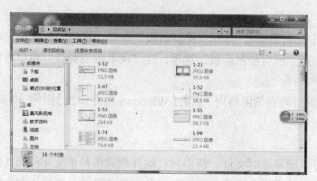

图 2-115　磁盘清理的文件

在"C:磁盘清理"对话框的"要删除的文件"列表框内启用要删除垃圾文件类型前的复选框，按 Enter 键。弹出对话框中，单击【删除文件】按钮，即可清除所选垃圾文件。

3. 磁盘碎片整理

整理磁盘碎片就是将分散在磁盘内的文件碎片集合起来，连续地存放在一起，以提高系统对文件的操作速度。

单击"开始"菜单，在搜索框中输入："磁盘碎片整理程序"，按 Enter 键。在"磁盘碎片整理程序"中有两种启动整理任务的方式。

● 按配置计划运行

单击【配置计划】按钮，在弹出的"磁盘碎片整理程序：修改计划"对话框中，可以设置自动进行磁盘碎片整理任务的频率、日期、具体时间和磁盘，如图 2-116 所示。

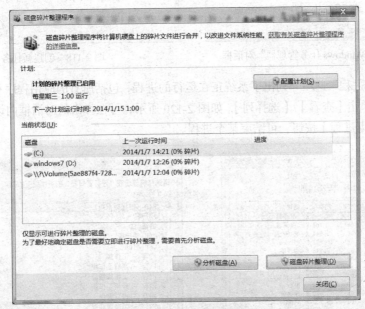

图 2-116　"磁盘碎片整理程序"对话框

● 立即进行碎片整理

在"磁盘碎片整理程序"对话框中单击【分析磁盘】按钮，可以对磁盘进行分析，如碎片所占百分比高于 10%，则必须进行整理。单击【磁盘碎片整理】按钮，即可对整个磁盘进行碎片整理工作。

4. 任务管理器

任务管理器能够显示操作系统当前正在运行的程序、进程和服务，也可以使用任务管理器监视计算机的性能或关闭没有响应的程序。

右击桌面"任务栏"的任意空白处，执行"启动任务管理器"命令，可启动任务管理器，如图 2-117 所示。打开"启动任务管理器"窗口，从以下 6 各方面对系统性能状态进行查看。

（1）应用程序。单击"Windows 任务管理器"窗口的"应用程序"选项卡，单击【新任务】按钮，输入程序或文件的名称（如 QQ 音乐），可以启动新的应用程序，如图 2-118 所示。

单击【结束任务】按钮，可强制关闭应用程序。单击【切换至】按钮，可将对应的任务窗口设置为活动窗口。

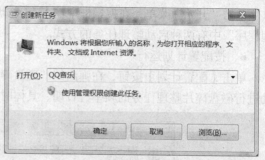

图 2-117 "Windows 任务管理器"对话框

图 2-118 创建新任务

（2）进程。"进程"选项卡列出了系统正在运行的进程，包括所有的应用程序和系统服务，如图 2-119 所示。单击【查看】/【选择列】，如图 2-120 所示，可在弹出的对话框内设置所要查看的信息。单击【结束进程】按钮，可结束某个进程。

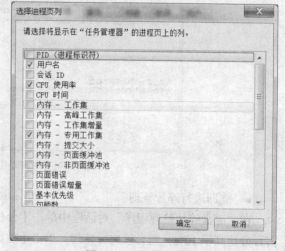

图 2-119 系统运行的进程

图 2-120 设置查看信息

（3）服务。"服务"选项卡列出了系统中所有服务的名称、PID、服务描述信息、工作状态和工作组信息。包括所有的应用程序和系统服务，如图 2-121 所示。

（4）性能。"性能"选项卡内的"CPU 使用率"和"CPU 使用记录"两个图表显示了此刻及过去几分钟内 CPU 使用情况；"内存"和"物理内存使用记录"显示了此刻及过去几分钟内内存使用数量（单位 MB），如图 2-122 所示。

（5）联网。"联网"选项卡显示了本地计算机的网络通信流量情况，如图 2-123 所示。

（6）用户。"用户"选项卡显示了当前计算机中所有已登录用户的用户名称，如图 2-124 所示。

图 2-121 系统中的"服务"

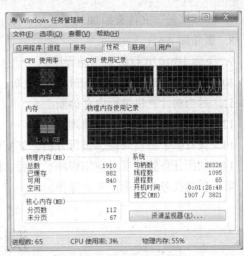

图 2-122 "系统性能"对话框

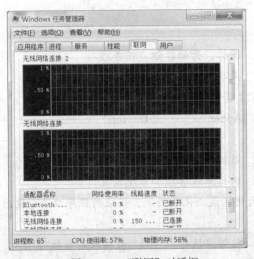

图 2-123 "联网"对话框

图 2-124 "用户"对话框

单击【断开】按钮，在弹出的对话框中单击【断开用户连接】按钮，将退回登录用户选择界面。单击【注销】按钮，在弹出的对话框中单击【注销用户】按钮，可注销该用户退回至登录用户选择界面。

【实验作业】

以下题目全部要求将截图写入实验报告中，比较"Printscreen"键和"Alt+Printscreen"键的区别，学习利用"开始\所有程序\附件\画图"程序完成图片的剪裁。

1. 打开资源管理器，分别以大、中、小图标，列表、详细信息等方式查看其中的内容。
2. 新建一个库 AAA。
3. 新建一个文件夹 BBB，任意复制几个文件到 BBB 中。
4. 将 BBB 重命名为"实验"，并创建快捷方式。
5. 将"实验"压缩，然后解压，观察过程。
6. 删除"实验"文件夹，在回收站观察，然后将其还原。

7. 将"实验"文件夹添加到库 AAA 中，观察。

8. 删除库 AAA。

9. 下载 HP1020 打印机驱动程序。

10. 利用 Windows Update 进行安装更新、查看更新记录，删除更新操作。

11. 对当前计算机进行内存诊断。

12. 对某个磁盘进行磁盘清理。

13. 查看某个磁盘属性，进行分析，如需要则进行磁盘碎片整理操作。

14. 利用任务管理器对应用程序、进程、性能、用户、联网等几方面进行操作，观察窗口变化。掌握新建任务，结束任务等操作。

测试题

一、选择题

1. Windows 7 的"桌面"包括（　　　）。

    A. 回收站、菜单、文件夹　　　　　　　B. 图标、开始按钮、任务栏

    C. 我的文档、菜单、资源管理器　　　　D. 菜单、附件、任务栏、我的电脑

2. Windows 7 是由（　　　）公司推出的一种基于图形界面的操作系统。

    A. IBM　　　　　　B. Microsoft　　　　C. Apple　　　　D. Intel

3. 控制面板的作用是（　　　）。

    A. 安装管理硬件设备　　　　　　　　　B. 添加/删除应用程序

    C. 改变桌面屏幕设置　　　　　　　　　D. 进行系统管理和系统设置

4. 在 Windows 7 中每个应用程序窗口可以最大化、最小化和关闭，当应用程序口最小化后，该应用程序将（　　　）。

    A. 被终止执行　　　B. 被删除　　　　C. 被暂停执行　　　D. 被转入后台执行

5. 在 Windows 7 中，设置、改变系统日期和时间可在（　　　）中进行。

    A. 桌面　　　　　　B. 窗口　　　　　C. 我的电脑　　　D. 控制面板

6. 在资源管理器中，双击某个文件夹图标，将（　　　）。

    A. 删除该文件夹　　　　　　　　　　　B. 显示该文件夹内容

    C. 删除该文件夹文件　　　　　　　　　D. 复制该文件夹文件

7. 最基础最重要的系统软件是（　　　）。

    A. Excel　　　　　　B. Word　　　　　C. 操作系统　　　D. 应用软件

8. Windows 7 中自带的网络浏览器是（　　　）。

    A. NETSCAPE　　　　　　　　　　　　B. Internet Explorer

    C. CUTFTPD　　　　　　　　　　　　　D. HOT-MAIL

9. 运行磁盘碎片整理程序可以（　　　）。

    A. 增加磁盘的存储空间　　　　　　　　B. 找回丢失的文件碎片

    C. 加快文件的读写速度　　　　　　　　D. 整理破碎的磁盘片

10. 选用中文输入法后，可以（　　　）实现全角和半角的切换。

    A. 按 CapsLock 键　　　　　　　　　　B. 按 Ctrl+圆点键

C. 按 Shift+空格键   D. 按 Ctrl+空格键

二、填空题

1. 在 Windows 7 中可按 Alt+（ ）的组合键在多个已打开的程序窗口中进行切换。

2. 在 Windows 7 中，"回收站"是（ ）一块区域。

3. 在 Windows 7 操作系统中，不同文档之间互相复制信息需要借助于（ ）。

4. 在 Windows 7 的默认环境中，（ ）组合键能将选定的文档放入剪贴板中。

5. 在 Windows 7 环境下，与剪贴板有关的是剪切、复制和（ ）。

6. 直接删除文件，不送入回收站的快捷键是（ ）。

7. 标题栏高亮显示，该窗口称为（ ）窗口。

8. Windows 7 中的"画图"功能在（ ）中。

9. 使用 Windows 7 录音机录制的声音文件的默认扩展名是（ ）。

10. 在 Windows 7 中，如果要把整幅屏内容复制到剪贴板中，可按（ ）键。

三．判断题

1. 在 Windows 7 操作系统中，任何一个打开的窗口都有滚动条。（ ）

2. 在 Windows 7 环境中，用户可以同时打开多个窗口，此时只能有一个窗口处于激活状态，它的标题栏颜色与众不同。（ ）

3. 用"开始菜单"中的运行命令执行程序，需在"运行"窗口的"打开"输入框中输入程序的路径和名称。（ ）

4. 一台没有软件的计算机，我们称之为"裸机"，"裸机"在没有软件的支持下，不能产生任何动作，不能完成任何功能。（ ）

5. Windows NT 是一种网络操作系统。（ ）

6. 在 Windows 7 中，要更改文件名可用鼠标左键双击文件名，然后再选择"重命名"，键入新文件名后按回车。（ ）

7. 在中文 Windows 7 中，切换到汉字输入状态的快捷键是：Shift+空格键。（ ）

8. 在 Windows 7 中，若要一次选择不连续的几个文件或文件夹，可单击第一个文件，然后按住 Shift 键单击最后一个文件。（ ）

9. 在 Windows 7 中，通过回收站可以恢复所有被误删除的文件。（ ）

10. 鼠标器在屏幕上产生的标记符号变为一个"沙漏"状，表明 Windows 7 正在执行一个处理任务，请用户稍等。（ ）

第 3 章
Office 办公软件

实验一　Word 2010 文档的编辑

【实验目的】

1. 掌握 Word 的启动与退出，熟悉 Word 2010 窗口的组成。
2. 掌握文档的基本操作：建立、打开、编辑、保存等。
3. 熟练掌握 Word 文档的常用编辑方法。
4. 掌握字符串的查找和替换功能。
5. 掌握特殊符号的输入。

【上机指导】

1.1　文档的建立、编辑和保存

建立一新文档，输入以下内容。

📖计算机网络是利用通信设备和线路将地理位置不同的功能独立的多个计算机系统互连起来，以功能完善的网络软件实现网络中资源共享和信息交换的系统装置。按网络的规模和分布距离划分，计算机网络可分为局域网 LAN、广域网 WAN 和互联网。

☏互联网又称网际网，是通过网络互联设备将各种类型的广域网、局域网互连起来。最受人们欢迎的互联网就是因特网（Internet）。

✉电子邮件（E-mail）是 Internet 上最早出现的服务之一，也是应用最为广泛的服务项目。许多人正是通过电子邮件感受到 Internet 的好处的。

1. 启动 Word 2010

选择【开始】/【程序】/【Microsoft Office】/【Microsoft Office Word 2010】命令，系统自动创建一个名为"文档 1"的新文档，默认扩展名为.docx，如图 3-1 所示。

2. 输入与编辑文本

输入文档内容时应注意以下问题。

（1）光标定位。输入正文时首先要确定输入位置，只需在要插入文本处单击即可。

（2）选择输入法。【Ctrl+Shift】组合键在英文和各种中文输入法之间进行切换；【Ctrl+Space】组合键可以在中英文之间进行切换。

（3）输入文字。选择中文输入法（如智能 ABC 输入法）进行文字录入。

图 3-1　新建 Word 文档

（4）中文标点符号输入。只需切换到"中文输入法"，直接按键盘上的所需标点符号即可。

（5）符号或特殊符号的输入。要输入的文字中有"🗄"、"🏯"、"✉"符号，输入方法是：选择【插入】/【符号】组，单击"符号"按钮 Ω，在弹出的下拉列表中选择"其他符号"选项，出现如图 3-2 所示的"符号"对话框。在字体列表框中选择"Wingdings"；在该符号集中选定"✉"符号，单击【插入】按钮或直接双击字符完成输入。分别选择"Wingdings2"和"Webdings"符号集完成"🗄"和"🏯"符号的输入。

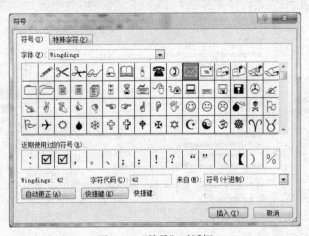

图 3-2　"符号"对话框

3．文档的保存

将该文档以"计算机网络.docx"名字保存到 D 盘根目录下。保存文档方法如下：

- 单击【快速访问工具栏】中的【保存】按钮。
- 单击【文件】/【保存】或【文件】/【另存为】命令。
- 按【Ctrl+S】组合键保存。

（1）新建文档第一次保存时会出现"另存为"对话框，如图 3-3 所示。

（2）在左侧选择 D 盘，在文件名处输入"计算机网络.docx"，使用默认的保存类型，然后单击【保存】按钮。

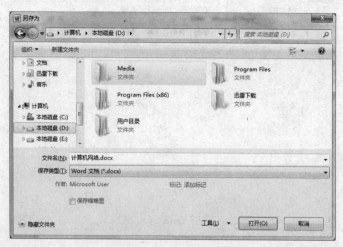

图 3-3　"另存为"对话框

（3）保存文档后可以继续编辑文档，直到关闭文档。

为了防止突然断电、死机而导致的未保存的文档内容丢失，Word 2010 开启了自动保存功能，单击【文件】/【选项】命令，打开"Word 选项"对话框，选择"保存"选项卡，可以看到"保存自动恢复信息时间间隔"被选中并设置了具体时间间隔为 10 分钟，我们也可以重新设置时间间隔，如图 3-4 所示。

图 3-4　"Word 选项"对话框

1.2　文本的复制、移动和删除操作

1. 文本的移动

将第 1 段最后一句"按网络的规模和分布距离划分计算机网络可分为局域网 LAN、广域网

WAN 和互联网。"移动到第 2 段段首，移动方法具体操作如下。

（1）使用剪贴板。将鼠标定位在该句话开始处，拖动鼠标至该句末尾选定文本，选择【开始】/【剪贴板】组中的【剪切】按钮，将文本复制到剪贴板中，然后定位插入点到第 2 段段首，选择【粘贴】按钮。

（2）使用鼠标拖动。选定该句后，将鼠标指向被选定的文本，此时鼠标指针会变成指向左上角的箭头，按住鼠标左键将其拖曳至第 2 段段首，然后放开鼠标。

2. 文本的复制

将文件"网络分类.docx"中的内容复制到刚创建的文件"计算机网络.docx"中第 1 段的后面。

（1）打开 Word 文档"网络分类.docx"。选择【文件】/【打开】命令，弹出"打开"对话框，找到"网络分类.docx"所在位置选中，然后单击【打开】按钮即可，如图 3-5 所示。

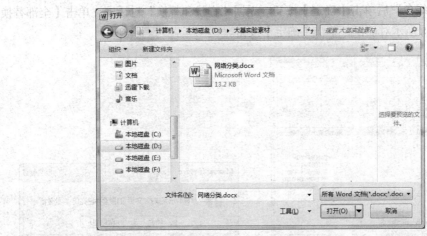

图 3-5 "打开"对话框

（2）用【Ctrl+A】组合键选定"网络分类.docx"中的全部内容。

（3）选择【开始】/【剪贴板】组中的【复制】按钮，将文本复制到剪贴板中，然后将窗口切换到"计算机网络.docx"文档下，定位插入点到第一段段末，选择【剪贴板】组中的【粘贴】按钮。

1.3 文本的查找和替换操作

1. 内容替换

将文档"计算机网络.docx"的第 3 段中全部"Internet"替换为"因特网"。

（1）打开文档"计算机网络.docx"，选中第 3 段。

（2）选择【开始】/【编辑】组，单击"替换"按钮 ᵃᵇc 替换 ，打开"查找和替换"对话框，如图 3-6 所示。

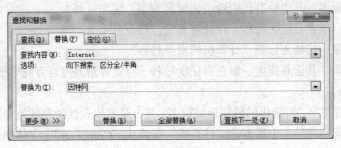

图 3-6 "查找和替换"对话框

（3）在"查找内容"区域中输入待查找文字"Internet"，然后在"替换为"区域中输入替换文字"因特网"。

（4）单击【全部替换】按钮，则将选中的第 3 段中的"Internet"全部替换为"因特网"。

2. 格式替换。

将 D 盘文档"网络相关知识.docx"中所有"Socket 7"颜色设置为绿色，所有"Slot1"颜色设置为红色加下划线。

（1）打开 D 盘文档"网络相关知识.docx"。

（2）选择【开始】/【编辑】组，单击"替换"按钮 ᵃᵇᶜ替换，打开"查找和替换"对话框，单击【更多】按钮，弹出如图 3-7 所示的对话框。在"查找内容"区域中输入待查找文字"Socket 7"，然后单击"替换为"输入框，单击【格式】按钮；选择"字体"，弹出"替换字体"对话框，在"字体颜色"中选择"绿色"后单击【确定】按钮。返回"查找和替换"对话框，单击【全部替换】按钮，弹出如图 3-8 所示对话框，单击【确定】按钮。

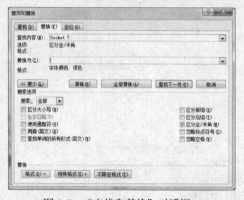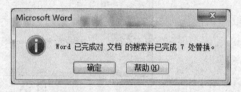

图 3-7 "查找和替换"对话框   图 3-8 替换完成

（3）参考第（2）步，将文档中所有"Slot1"颜色设置为红色加下划线。

【实验作业】

1. 创建一个新文档，输入以下内容。保存在 D 盘上，文件名为"计算机发展趋势.docx"。

> 目前，计算机技术的发展趋势是向巨型化☺、微型化🖊、网络化⚘和智能化☒4 个方向发展。
> 巨型化是指具有运算速度高、存储容量大、功能更完善的计算机系统。
> 微型化得益于大规模和超大规模集成电路的飞速发展。
> 网络化是指利用通信技术和计算机技术，把分布在不同地点的计算机互连起来，按照网络协议相互通信，以达到所有用户都可共享数据、软硬件资源的目的。
> 智能化就是要求计算机能模拟人的感觉和思维能力，也是第五代计算机要实现的目标。智能化的研究领域很多，其中最有代表性的领域是专家系统和机器人。
> 其运算速度一般在百亿次每秒、存储容量超过百万兆字节。

2. 在文本的第一行插入标题"计算机的发展趋势"。

3. 将最后一段"其运算速度一般在百亿次每秒、存储容量超过百万兆字节。"移动到第二段段末，连接成一段。

4. 删除第五段文字"智能化的研究领域很多，其中最有代表性的领域是专家系统和机器人"。

5. 将正文（除标题外）中所有的"计算机"替换成"Computer"（字体颜色为红色并且加下划线）。

编辑后的文本样式如图 3-9 所示。

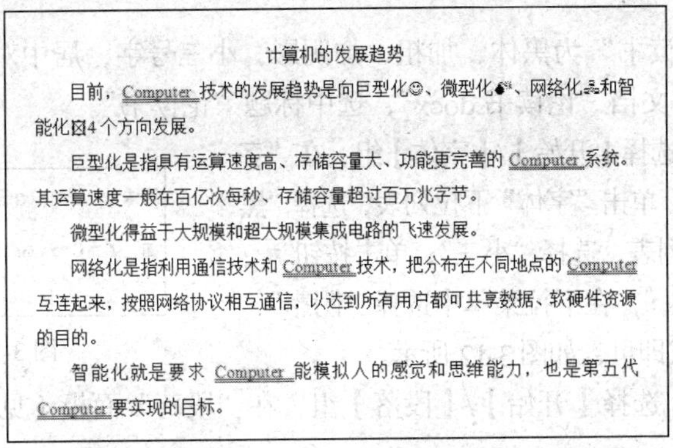

计算机的发展趋势

目前，Computer 技术的发展趋势是向巨型化、微型化、网络化和智能化 4 个方向发展。

巨型化是指具有运算速度高、存储容量大、功能更完善的 Computer 系统。其运算速度一般在百亿次每秒、存储容量超过百万兆字节。

微型化得益于大规模和超大规模集成电路的飞速发展。

网络化是指利用通信技术和 Computer 技术，把分布在不同地点的 Computer 互连起来，按照网络协议相互通信，以达到所有用户都可共享数据、软硬件资源的目的。

智能化就是要求 Computer 能模拟人的感觉和思维能力，也是第五代 Computer 要实现的目标。

图 3-9　“计算机的发展趋势”样图

实验二　Word 2010 文档的排版

【实验目的】

1. 掌握 Word 文档字符格式和段落格式设置的基本方法。
2. 熟练掌握项目符号和编号、分栏等操作的设置方法。
3. 掌握边框和底纹的设置方法。

【上机指导】

打开文件“论读书.docx”，然后进行排版，排版后的效果如图 3-10 所示。

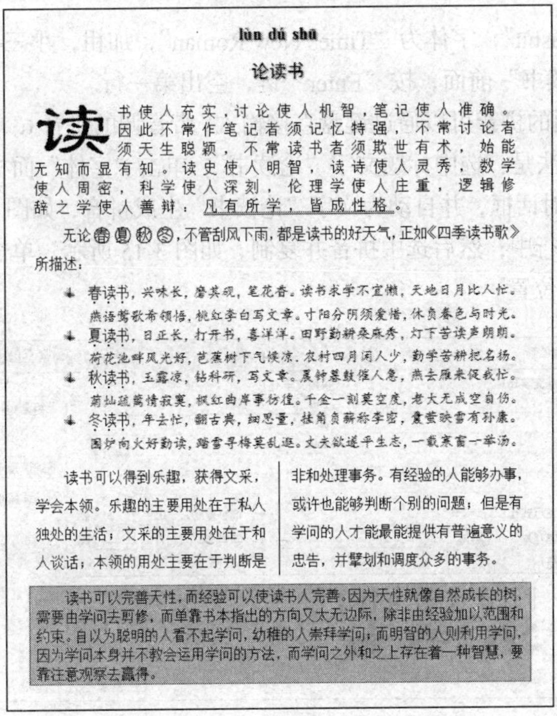

lùn dú shū

论读书

读书使人充实，讨论使人机智，笔记使人准确。因此不常作笔记者须记忆特强，不常讨论者须天生聪颖，不常读书者须欺世有术，始能无知而显有知。读史使人明智，读诗使人灵秀，数学使人周密，科学使人深刻，伦理学使人庄重，逻辑修辞之学使人善辩：凡有所学，皆成性格。

无论春夏秋冬，不管刮风下雨，都是读书的好天气，正如《四季读书歌》所描述：

- 春读书，兴味长，磨爽砚，笔花香。读书求学不宜懒，天地日月比人忙。燕语莺歌希领悟，桃红李白写文章。寸阳分阴须爱惜，休负春色与时光。
- 夏读书，日正长，打开书，喜洋洋。田野勤耕桑麻秀，灯下苦读声朗朗。荷花池畔风光好，芭蕉树下气候凉。农村四月闲人少，勤学苦耕把名扬。
- 秋读书，玉露凉，钻科研，写文章。晨钟暮鼓催人急，燕去雁来促我忙。菊灿疏篱情寂寞，枫红曲岸事彷徨。千金一刻莫空度，老大无成空自伤。
- 冬读书，年去忙，翻古典，细思量，挂角负薪称李密，囊萤映雪有孙康。围炉向火好勤读，踏雪寻梅莫乱逛。丈夫欲遂平生志，一载寒窗一举汤。

读书可以得到乐趣，获得文采，学会本领。乐趣的主要用处在于私人独处的生活；文采的主要用处在于和人谈话；本领的用处主要在于判断是非和处理事务。有经验的人能够办事，或许也能够判断个别的问题；但是有学问的人才能最能提供有普遍意义的忠告，并擘划和调度众多的事务。

读书可以完善天性，而经验可以使读书人完善。因为天性就像自然成长的树，需要由学问去剪修，而单靠书本指出的方向又太无边际，除非由经验加以范围和约束。自以为聪明的人看不起学问，幼稚的人崇拜学问；而明智的人则利用学问，因为学问本身并不教会运用学问的方法，而学问之外和之上存在着一种智慧，要靠注意观察去赢得。

图 3-10　“论读书”样文

2.1　设置文档的字符格式及段落格式

（1）设置标题"论读书"为黑体，加粗，加阴影，小三号字，居中对齐。

① 双击打开 Word 文档"论读书.docx"，选中标题"论读书"。

② 设置字符格式。选择【开始】/【字体】组，在"字体"面板（见图 3-11）中，单击"字体"下拉列表，选择"黑体"；单击"字号"下拉列表，选择"小三"；单击按钮 **B**；单击"文本效果"按钮 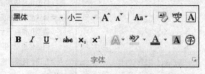，在下拉菜单中选择"阴影"，然后选择适当的阴影样式即可，如图 3-12 所示。

图 3-11　"字体"组

③ 设置对齐方式。选择【开始】/【段落】组，在"段落"面板（见图 3-13）中选择居中对齐按钮 ▤ 。

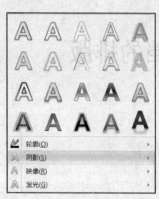
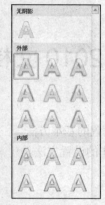

图 3-12　"字体效果"选项

图 3-13　"段落"组

（2）加拼音"lùndúshū"，字体为"Times New Roman"，加粗，小三号字，居中对齐。

① 光标放到"论读书"前面，按"Enter"键，空出第一行。

② 输入拼音。普通的拼音可以通过键盘直接输入，带音调的拼音 ā、ò、é、ī 可以通过"拼音指南"输入。具体方法是：选中标题文字"论读书"，单击"字体"面板中的"拼音指南"按钮 ▲，弹出"拼音指南"对话框，并自动为文字"论读书"生成拼音，如图 3-14 所示。单击【组合】按钮，将拼音组合到一行中，然后选中拼音并复制，如图 3-15 所示。单击【取消】按钮，并将刚复制的拼音粘贴到指定位置。

图 3-14　"拼音指南"对话框

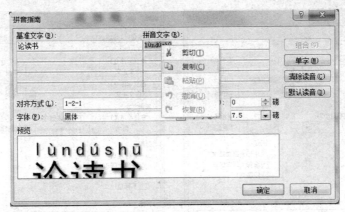

图 3-15　复制拼音

③ 设置"字体"、"字号"和"字形"的方法同第（1）题。

（3）设置正文文字为小四号字，第 3 到第 6 段为楷体，其他段落为宋体。设置第 2 段到最后一段首行缩进两个字符。

① 选定正文部分，选择"字号"为小四。

② 选定第 2 段到最后一段，选择【开始】/【段落】组，单击右下方的"功能扩展"按钮 ，打开"段落"对话框，在"特殊格式"中选择"首行缩进"；"磅值"为 2 字符，如图 3-16 所示。

③ 选择第 3 段到第 6 段，设置"字体"为楷体。

（4）设置"春读书"、"夏读书"、"秋读书"、"冬读书"：宋体，加着重号；第 1 段中文字"凡有所学，皆成性格"下加红色双下划线，并将第 1 段字符间距设为加宽 3 磅。

① 按住"Ctrl"键，选中"春读书"、"夏读书"、"秋读书"、"冬读书"，设置字体为宋体。选择【开始】/【字体】组，单击右下方的"功能扩展"按钮 ，打开"字体"对话框，在"字体"选项卡上的"着重号"下拉列表中选择"·"，如图 3-17 所示。

图 3-16　设置段落格式

② 选定第 1 段"凡有所学，皆成性格"，在"字体"对话框"字体"选项卡中，"下划线"选择"＝＝"；"下划线颜色"选择红色，如图 3-18 所示。

③ 选定第 1 段，打开"字体"对话框，选择"高级"选项卡，"间距"选择"加宽"；磅值设成"3 磅"，如图 3-19 所示。

（5）段间距：设置标题、第 6 段段后 8 磅；第 3 段、最后一段段前 8 磅。

选定标题"论读书"和第 6 段，选择【开始】/【段落】组，打开"段落"对话框，"间距"栏"段后"文本框输入"8 磅"，如图 3-20 所示。同样的方法选定第 3 段、最后一段，在"间距"栏"段前"文本框中输入"8 磅"。

（6）行间距：设置第 7 段为 1.5 倍行距，其余段落均为单倍行距。

选定所有段落，选择【开始】/【段落】组，打开"段落"对话框，在"行距"下面的下拉菜单中选择"单倍行距"，如图 3-20 所示。同样的方法选定第 7 段，设置为 1.5 倍行距。

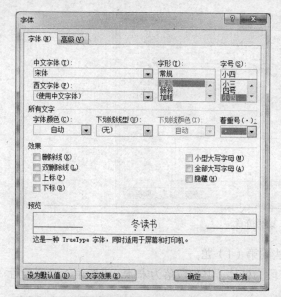

图 3-17 添加"着重号"

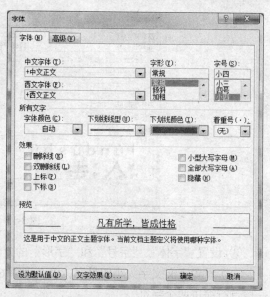

图 3-18 添加"下划线"

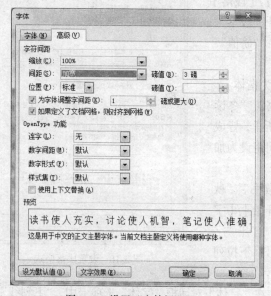

图 3-19 设置"字符间距"

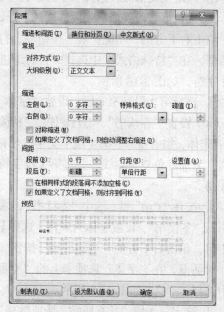

图 3-20 设置"段落间距"

2.2 设置文档的项目符号、首字下沉、分栏、边框和底纹

（1）第 3 段到第 6 段加如样文所示的项目符号。

选定第 3 段到第 6 段，选择【开始】/【段落】组，单击"项目符号"按钮 ≡ 右侧的下拉箭头，弹出"项目符号库"，如图 3-21 所示。若没有需要的项目符号，可以单击"定义新项目符号"，弹出"定义新项目符号"对话框，选择所需的项目符号和图片，如图 3-22 所示。

（2）设置第 1 段首字下沉。

光标放在第 1 段中的任何位置，选择【插入】/【文本】组（见图 3-23），单击【首字下沉】按钮，在弹出的下拉菜单中选择"首字下沉选项"，弹出"首字下沉"对话框，如图 3-24 所示。

在"位置"栏中选择"下沉";"字体"选择"隶书";"下沉行数"文本框中输入"3"。

图 3-21　项目符号库

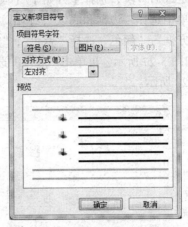

图 3-22　"定义新项目符号"对话框

图 3-23　"文本"组

图 3-24　设置"首字下沉"

（3）分栏。

将第 7 段分成两栏,加分隔线。

选定 7 段,选择【页面布局】/【页面设置】组（见图 3-25）,单击【分栏】按钮,在弹出的下拉菜单中选择"更多分栏",打开"分栏"对话框,在"预设"中选择"两栏",选中"分隔线",如图 3-26 所示。

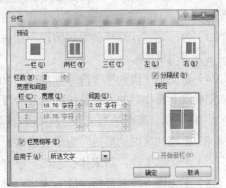

图 3-26　设置"分栏"

图 3-25　"页面设置"组

（4）将最后一段加边框和底纹。

选定最后一段，选择【开始】/【段落】组，单击"下框线"按钮右侧的，在弹出的下拉菜单中选择"边框和底纹"，弹出"边框和底纹"对话框。在"边框"选项卡"设置"中选择"方框"；"颜色"选择"蓝色"；"宽度"选择"1.0 磅"；"应用于"下拉列表中选择"段落"，如图 3-27 所示。再单击"底纹"选项卡，"填充"选择"浅绿"；"应用于"选择"段落"，如图 3-28 所示。

图 3-27 设置"段落边框"　　　　　　　　图 3-28 设置"段落底纹"

（5）为第 2 段中的"春"、"夏"、"秋"、"冬"加圆圈。

选中"春"，选择【开始】/【字体】组，单击"带圈字符"按钮，弹出对话框，如图 3-29 所示。选择"增大圈号"，在"圈号"中选择圆圈，用同样的方法设置"夏"、"秋"、"冬"。

【实验作业】

1. 将文件"计算机的发展阶段.docx"进行排版，具体要求如下：

（1）将标题"计算机的发展阶段"字体设置为"黑体"；字号为"四号"；对齐方式为"居中对齐"。

（2）将正文所有段落字体设置为"宋体"；字号为"小四"号；对齐方式为"两端对齐"；首行缩进"2 字符"；行间距为"1.5 倍行距"。

（3）将最后一段"——摘自《大学计算机基础》"设置为"右对齐"。

图 3-29 设置"带圈字符"

（3）为标题"计算机的发展阶段"加拼音"jìsuàn jīde fāzhǎn jiēduàn"，字体为"Times New Roman"，居中对齐。

（4）正文第 2 段到第 5 段添加如图 3-30 所示的项目符号。

完成以上操作后的"计算机的发展阶段.docx"样式如图 3-30 所示。

2. 将文档"雾凇的形成.docx"进行排版，排版要求如下：

（1）标题"雾凇的形成"为华文隶书、小一号、加粗，居中对齐，段后 1 行。

（2）正文第 1 段：新宋体、小四、字符间距 3 磅，首字下沉（下沉 3 行、隶书）。

（3）正文第 2 段到最后一段：宋体、小四、首行缩进 2 字符。

（4）正文第 2 段：左右各缩进 20 磅、字体为华文新魏、分栏（偏左、加分隔线）。

jì suàn jī de fā zhǎn jiē duàn

计算机的发展阶段

从第一台电子计算机诞生到现在，计算机的发展大致可以分为四代，并正在向第五代或新一代发展。以下根据计算机使用元件的不同来划分：

- ✧ 第一代（1946~1957年）：采用电子管作为基本元件；程序设计使用机器语言或汇编语言。
- ✧ 第二代（1958~1964年）：采用晶体管作为基本元件；程序设计采用高级语言，体积缩小，功耗降低，提高了运算速度和可靠性。
- ✧ 第三代（1965~1971年）：采用集成电路作为基本元件；用半导体存储器代替了磁芯存储器；软件方面，操作系统日益完善。
- ✧ 第四代（1965~1971年）：采用大规模、超大规模集成电路作为基本元件；运算速度可达百万次至亿次；系统结构方面，处理机系统、分布式系统和计算机网络的研究进展迅速。

当前，第四代计算机日趋成熟，并开始向人工智能计算机过渡。同时，采用光电子原件、超导电子原件、生物电子元件的新一代电子计算机也出现了。

——摘自《大学计算机基础》

图3-30 “计算机的发展阶段”样文

（5）正文第4段：添加双实线边框、红色、0.75磅；添加底纹、蓝色；行间距设置为1.5倍行距。

（6）正文第1段中“一种类似霜降的自然现象，一种冰雪美景”：华文彩云、红色、文本效果为发光（颜色自选）。

（7）正文第3段中“雾凇这种天气现象的形成，是多种因素构成、复杂的大气物理变化过程。”：加字符边框和字符底纹，设置如样文所示的文本效果。

（8）正文第3段中第二个“雾凇”：三号、宋体、加粗、蓝色、加圆圈（增大圈号）。

（9）正文第3段中第二个“大气物理变化过程”：华文隶书、小三号字、粉色、加下划线（双波浪线）。

（10）正文第3段中“形成雾凇的基本条件”：华文行楷、文字底纹（橙色、图案样式为15%），用格式刷将“形成的雾凇一般不够理想”设置成同样格式。

（11）正文第5段中“仪态万方、独具丰韵”：四号、华文行楷、红色、字符间距加宽2磅、字符位置提升3磅、加着重号。

（12）正文第5段中“赞不绝口”：字体效果设置为双删除线。

排版后的样文如图3-31所示。

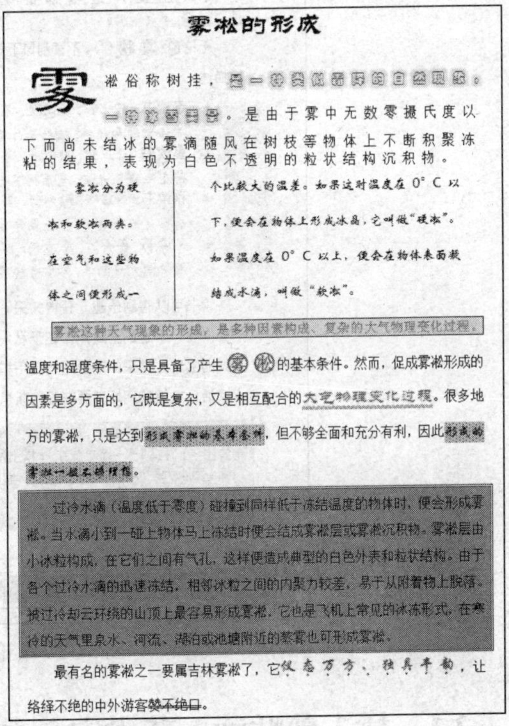

雾凇的形成

雾凇俗称树挂，是一种类似霜降的自然现象。一种冰雪美景。是由于雾中无数零摄氏度以下而尚未结冰的雾滴随风在树枝等物体上不断积聚冻粘的结果，表现为白色不透明的粒状结构沉积物。

雾凇分为硬凇和软凇两类。在空气和这些物体之间便形成一个比较大的温差。如果这时温度在0°C以下，便会在物体上形成冰晶，它叫做“硬凇”。如果温度在0°C以上，便会在物体表面凝结成水滴，叫做“软凇”。

雾凇这种天气现象的形成，是多种因素构成、复杂的大气物理变化过程。温度和湿度条件，只是具备了产生雾凇的基本条件。然而，促成雾凇形成的因素是多方面的，它既是复杂，又是相互配合的大气物理变化过程。很多地方的雾凇，只是达到形成雾凇的基本条件，但不够全面和充分有利，因此形成的雾凇一般不够理想。

过冷水滴（温度低于零度）碰撞到同样低于冻结温度的物体时，便会形成雾凇。当水滴小到一碰上物体马上冻结时便会结成雾凇层或雾凇沉积物。雾凇层由小冰粒构成，在它们之间有气孔，这样便造成典型的白色外表和粒状结构。由于各个过冷水滴的迅速冻结，相邻冰粒之间的内聚力较差，易于从附着物上脱落。被过冷却云环绕的山顶上最容易形成雾凇，它也是飞机上常见的冰冻形式，在寒冷的天气里泉水、河流、湖泊或池塘附近的蒸雾也可形成雾凇。

最有名的雾凇之一要属吉林雾凇了，它仪态万方、独具丰韵，让络绎不绝的中外游客赞不绝口。

图3-31 《雾凇的形成》样文

实验三　Word 2010 非文档对象的编辑

【实验目的】

1. 掌握在文本中插入剪贴画、艺术字、图形、图像和文本框的方法。
2. 掌握图文混排的方法。
3. 掌握表格的制作与编辑方法。
4. 掌握公式的使用。
5. 初步了解页面设置、页眉和页脚的设置方法。

【上机指导】

打开实验二中排版后的 Word 文档"论读书.docx"，按照以下要求进行修改，修改后的样文如图 3-32 所示。

图 3-32　《论读书》排版样图

3.1　插入剪贴画、艺术字、自选图形和图片

1. 插入艺术字

将标题改为如图 3-32 所示的艺术字。

（1）选中"论读书"，选择【插入】/【文本】组，单击"艺术字"按钮 A，弹出的下拉列表，如图 3-33 所示。选择第 6 行第 2 列的样式，即可在文档中插入艺术字。然后用鼠标拖动的方法调整艺术字"论读书"到适当的位置。

（2）选中插入的艺术字"论读书"，即可激活"绘图工具"中的"格式"选项，可以对艺术字进行编辑。选择【格式】/【艺术字样式】组（见图 3-34），单击"文本效果"按钮 A，在弹出的下拉列表中选择"转换"选项，弹出的子列表中选择"弯曲/停止"选项，如图 3-35 所示。

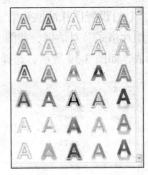

图 3-33　"艺术字"库

图 3-34　"艺术字样式"组

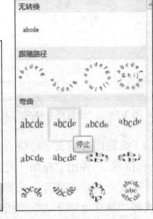

图 3-35　"艺术字"形状

（3）单击"艺术字样式"组中的"文本轮廓"按钮，在弹出的下拉列表中选择"粗细"/"0.75 磅"。

（4）可以根据需要进行其他的设置。

2．插入图片

在文档中插入一图片，将其设置为水印，衬于文字下方。

（1）插入图片。光标定位于文中适当位置，选择【插入】/【插图】组，单击【图片】按钮，打开"插入图片"对话框，如图 3-36 所示。选择图片"论读书.jpg"，单击【插入】按钮。

（2）适当调整图片大小。选中图片，图片周围会出现一些句柄，将鼠标指针移到上面，指针就变成了双向箭头的形状，按下左键拖动鼠标，就可以改变图片大小，如图 3-37 所示。

图 3-36　"插入图片"对话框

图 3-37　选中图片出现尺寸句柄

（3）设置图片冲蚀效果。右键单击图片，在弹出的快捷菜单中选择"设置图片格式"，出现"设置图片格式"对话框，如图3-38所示。单击"图片颜色"中的"重新着色"按钮  ，出现下拉列表，如图3-39所示，选择"冲蚀"的着色效果。

图3-38　"设置图片格式"对话框

图3-39　"重新着色"列表

（4）设置图片的文字环绕方式为"衬于文字下方"。右键单击图片，在弹出的快捷菜单中选择"大小和位置"，弹出"布局"对话框，在"文字环绕"选项卡中选择"衬于文字下方"，如图3-40所示。或者左键单击图片，选择【格式】/【排列】组，单击【自动换行】按钮，在弹出的下拉菜单中选择"衬于文字下方"，如图3-41所示。

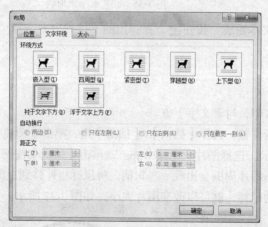

图3-40　设置"文字环绕方式1"

图3-41　设置"文字环绕方式2"

3. 插入剪贴画

在文档中插入一张剪贴画，设置环绕方式为紧密型环绕。

（1）插入剪贴画。光标定位于文中适当位置，选择【插入】/【插图】组，单击"剪贴画"按钮 ，右侧出现"剪贴画"任务窗口。单击【搜索】按钮，显示所有剪贴画，单击所需图片即可插入正文中。

（2）适当调整剪贴画大小。方法同调整图片大小类似。

（3）设置环绕方式为"紧密型环绕"，并适当调整剪贴画位置。

3.2　插入文本框

插入如样图 3-32 所示的竖排文本框。

（1）选择【插入】/【文本】组，单击【文本框】按钮，在弹出的下拉列表中选择"绘制竖排文本框"选项。将鼠标移至文档中，此时光标变成"+"形状。在需要插入文本框的区域，按住鼠标左键并拖动到合适大小后释放，即可在该区域插入一个竖排文本框。

（2）在文本框中输入"读书破万卷"，设置字体为"华文行楷"；字号为"二号"。按住鼠标左键适当调整文本框的大小和位置。

（3）选中文本框，选择【格式】/【形状样式】组（见图 3-42），单击样式右侧的下拉箭头，弹出下拉列表，选择所需的样式即可（本例选择第 3 行第 7 列的样式），如图 3-43 所示。

（4）重复步骤（1）～（3）插入竖排文本框，输入文字"下笔如有神"，设置样式。

图 3-42　"形状样式"组

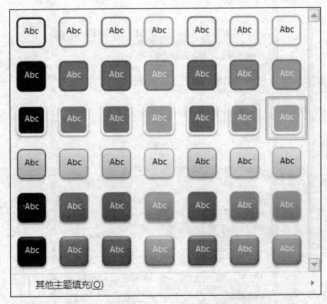

图 3-43　"样式"列表

3.3　页面设置及页眉、页脚的设置

1. 页面设置

页边距：上、下为 2.5 厘米，左、右为 3.2 厘米；页眉 1.5 厘米，页脚 1.75 厘米；纸型为 A4。

（1）将光标置于文中，选择【页面布局】/【页面设置】组，单击【功能扩展】按钮，打开"页面设置"对话框，如图 3-44 所示。在"页边距"选项卡中的"上"、"下"文本框中分别输入或选择"2.5 厘米"，在"左"、"右"文本框中输入或选择"3.2 厘米"。

（2）单击"纸张"选项卡，在"纸张大小"中选择"A4"，如图 3-45 所示。

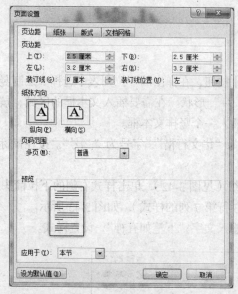

图 3-44　设置页边距

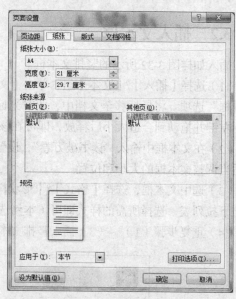

图 3-45　设置纸张大小

（3）单击"版式"选项卡，在"页眉"中输入"1.5 厘米"；"页脚"中输入"1.75 厘米"，如图 3-46 所示。

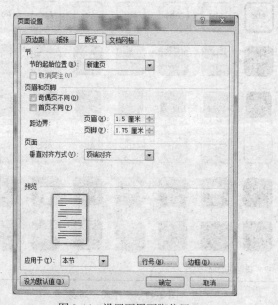

图 3-46　设置页眉页脚位置

2. 设置页眉/页脚

设置如样文所示的页眉页脚。

（1）选择【插入】/【页眉和页脚】组，如图 3-47 所示。单击【页眉】按钮下面的下拉箭头，在弹出的下拉列表中选择样式"空白（三栏）"，如图 3-48 所示，即可插入页眉，然后在相应位置输入如样文所示的页眉内容即可。

（2）插入页眉的同时打开"页眉页脚工具"选项卡，选择【设

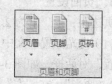

图 3-47　"页眉和页脚"组

计】/【关闭】组中的【关闭页眉页脚】按钮即可退出页眉的编辑。

（3）选择【插入】/【页眉和页脚】组，单击【页脚】按钮下面的下拉箭头，在弹出的下拉列表中选择样式"瓷砖形"，如图 3-49 所示，即可插入页脚，然后在相应位置输入如样文所示的内容即可。

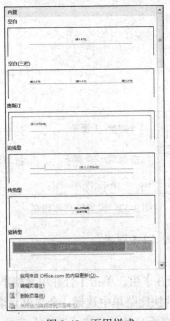

图 3-48　页眉样式

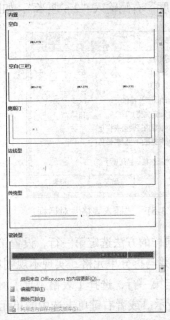

图 3-49　页脚样式

（4）退出页脚编辑状态的方法同（2）。

3.4　插入表格及公式

1. 插入表格

在文档中制作如图 3-50 所示的表格。

2012 年伦敦奥运会前五名奖牌榜					
排名	国家/地区	金牌	银牌	铜牌	总数
1	美国	46	29	29	104
2	中国	38	27	23	88
3	英国	29	17	19	65
4	俄罗斯	24	26	32	82
5	韩国	13	8	7	28

图 3-50　表格样图

（1）插入表格，调整表格大小。

① 选择【插入】/【表格】组，在弹出的下拉列表中选择"插入表格"，弹出"插入表格"对话框，如图 3-51 所示。

② 在表格尺寸栏中的"列数"后面选择或输入"6"；"行数"后面选择或输入"7"，单击【确

定】按钮。

③ 把鼠标指针放到表格中，拖曳右下角的小方格（表格大小控制点），调整表格大小。

（2）设置表格的行高和列宽。

① 选定整个表格，选择【表格工具】/【布局】/【单元格大小】组，在"高度"右侧输入"1厘米"；"宽度"右侧输入"2.5厘米"，如图 3-52 所示。

图 3-51 "插入表格"对话框

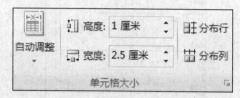

图 3-52 设置行高和列宽

② 用同样的方法选定第一行，设置第一行的高度为"1.5厘米"。

（3）合并与拆分单元格，实现不规则单元格的设置。

① 选定第一行，选择【表格工具】/【布局】/【合并】组，单击【合并单元格】按钮即可，如图 3-53 所示。或者右键单击选中的单元格，在弹出的快捷菜单中选择"合并单元格"。

② 拆分单元格的方法与合并单元格类似，选定需要拆分的单元格，选择【布局】/【合并】组，单击【拆分单元格】按钮，打开"拆分单元格"对话框，在"列数"和"行数"数值框中分别输入要拆分的行数和列数，然后单击【确定】按钮即可。

（4）设置表格居中。

光标定位于表格中任一位置，选择【布局】/【表】组，单击【属性】按钮，弹出"表格属性"对话框，如图 3-54 所示。"对齐方式"选择"居中"；"文字环绕"选择"无"。

图 3-53 单元格"合并"组

图 3-54 "表格属性"对话框

（5）在表格中输入文字。

① 参照样文输入相应的文字和数据，"总数"一列的数据不输入。

② 输入排名 "1."、"2."、"3."、"4."、"5."，可以采用 "编号" 选项，具体方法为：选中需要输入编号的单元格（第 3 行第 1 列到第 6 行第 1 列），选择【开始】/【段落】组，单击 "编号"按钮 右侧的下拉箭头，在弹出的下拉列表中选择所需编号样式即可。

（6）在表格中应用公式。

① 光标放在单元格 "总数" 下面的单元格中，选择【布局】/【数据】组，如图 3-55 所示。

② 单击【公式】按钮，弹出 "公式" 对话框，如图 3-56 所示。"SUM( )" 的是求和函数，参数"LEFT" 代表左边，"=SUM(LEFT)" 作用是求光标所在行的左边数据的总和，单击【确定】按钮。

图 3-55　"数据" 组

图 3-56　插入公式

③ 用同样的方法求其他国家的奖牌总数。

④ 若求光标所在列的上面数据总和，可以使用 "=SUM(ABOVE)"。

⑤ 另外，在该 "公式" 对话框中，还提供了其他功能的函数，单击 "粘贴函数" 下方的下拉列表即可看到，可根据需要自行选择。

（7）设置文字对齐方式。

选定整个表格，选择【布局】/【对齐方式】组，如图 3-57 所示。单击 "中部居中" 按钮 。

（8）设置字体、字号。

① 表格第一行 "2012 年伦敦奥运会前五名奖牌榜" 设置为：华文隶书、小二号字。

② 第二行文字：宋体、加粗、小四号字。

③ 其余文字：黑体、五号字。

④ 最后一列：加粗、斜体。

（9）为表格添加不同样式的边框和底纹。

① 选择【设计】/【绘图边框】组，如图 3-58 所示，设置 "笔样式（单实线）"、"笔画粗细（3 磅）" 和 "笔颜色（黑色）"。

图 3-57　设置 "表格文字" 对齐方式

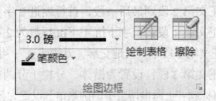

图 3-58　"绘图边框" 组

② 单击【绘制表格】按钮，此时光标变成笔状，按住鼠标左键重画表格四周边框和第一行下面的线条。

③ 用同样的方法重画"第二行下面的线条，线型为双线。

④ 再单击【绘制表格】按钮，完成手动绘制边框。

⑤ 选定第一行，选择【设计】/【表格样式】组，单击"底纹"按钮 ，在弹出的颜色列表中选择"橙色"；用同样的方法设置其他单元格的底纹，颜色同样图或自选。

2. 插入公式

在文档末尾插入如下两个公式。

$$f(x) = a_0 + \sum_{n=1}^{\infty}\left(a_n\cos\frac{n\pi x}{L} + b_n\sin\frac{n\pi x}{L}\right)$$

$$\int\frac{dx}{\sqrt{a^2-x^2}} = \sin^{-1}\frac{x}{a} + C$$

（1）光标定位在需要插入公式的位置，选择【插入】/【符号】组，单击【公式】按钮的下拉箭头，下拉列表中列出了各种常用公式，直接选择即可；若没有所需公式，则选择下拉列表中的"插入新公式"，显示"在此处键入公式"控件，如图 3-59 所示。

（2）插入新公式的同时出现【公式工具】/【设计】选项卡，利用该选项卡中的【符号】组（见图 3-60）和【结构】组（见图 3-61）即可编写各种复杂的公式，输完后在公式编辑区外空白处单击，结束输入。

图 3-59 "插入公式"控件

（3）单击公式控件右侧的下拉箭头，在弹出的下拉菜单中选择"另存为新公式"，可将刚输入的公式保存到公式库中，方便以后使用。

图 3-60 "符号"组

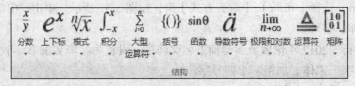

图 3-61 "结构"组

【实验作业】

1. 将文章《上海世博会中国国家馆》进行排版。

打开文件"上海世博会中国国家馆.docx"，按照如下要求进行排版：

（1）正文第 1 段到最后一段：宋体、小四号字，多倍行距 1.25。

（2）正文第 2 段到最后一段，首行缩进 2 字符。

（3）正文第 1 段：首字下沉（下沉行数为 2 行、字体为隶书）。

（4）正文第 1 段中"天地交泰、万物咸亨"：华文行楷、红色、加着重号、字符位置提升 3 磅。

（5）正文第 3 段：设置为楷体、分栏（分两栏、栏间距为 4 字符）。

（6）将标题"上海世博会中国国家馆"设置为艺术字。艺术字样式为"第 6 行第 2 列 "，"文字效果"设置为"转换/跟随路径/上弯弧"，字体颜色为红色。适当调整艺术字的大小和位置，如样图所示。

（7）插入图片"中国馆-1.jpg"，设置图片样式为"柔化边缘椭圆"，文字环绕方式为"紧密型环绕"，并适当调整图片的大小及位置。

（8）插入图片"中国馆-2.jpg"，设置成"冲蚀"效果，文字环绕方式为"衬于文字下方"，并适当调整图片的大小及位置。

（9）在第 3 段两栏文字之间插入一个竖排文本框，文本框内的文字为"中国馆风采"，文字设置为隶书、红色、三号字、加粗；并设置文本框为"无轮廓"和"无填充颜色"。

（10）插入如样文所示的自选图形，添加并编辑文字，文字设置：宋体、五号字、加粗，"基本信息"居中对齐，其余文字左对齐。设置该自选图形的形状样式为"强烈效果—红色"（第 6 行第 3 列），文字环绕方式为"四周型环绕"，并适当调整位置。

（11）插入两个自选图形"五角星"，样式为"强烈效果—红色"，并适当调整其大小及位置。

（12）将页面纸张方向设置为纵向，纸张大小设置为 A4，上、下页边距为 2.5 厘米，左、右页边距为 3 厘米。

（13）设置如样文所示的页眉和页脚。（用自己的班级、学号和姓名）日期为当前日期。

完成后的样文如图 3-62 所示。

图 3-62　"上海世博会中国国家馆"

2. 制作"学生成绩表"。

使用 Word 中的表格制作"学生成绩表"，具体要求如下：

（1）插入一个 7 行 5 列，固定列宽的表格。

（2）调整表格的行高和列宽。设置行高为 1 厘米，列宽为 3 厘米。

（3）通过合并与拆分单元格，实现如样文所示的效果。

（4）在表格中输入如样文所示的文字"平均分"和"各科最高分"两栏中数据不要输入）。

（5）利用公式计算表格中的"平均分"和"各科最高分"。

（6）将表格中所有单元格文字水平居中对齐。

（7）设置字体、字号。"学生成绩表"设置为华文彩云、二号、红色；"科目"、"姓名"设置为黑体、三号；其余文字均设置为宋体、五号；最后一行和最后一列设置为倾斜、加粗。

（8）为表格设置不同线形的边框。表格外边框和第一行的下框线为 1.5 磅的双线，第三行下框线、第一列右框线和最后一列左框线为 0.5 磅的双线，其余框线使用默认值。

（9）为表格添加底纹，颜色可以任选。为表格中不同单元格添加不同颜色的底纹。

注：求"平均分"和"各科最高分"时，应选择【布局】/【数据】组，单击【公式】按钮，在弹出的"公式"对话框中，选择或输入相应的函数即可。求"平均分"用函数 AVERAGE(LEFT)，求"各科最高"分用 MAX(ABOVE)。

"学生成绩表"的样式如图 3-63 所示。

学生成绩表				
姓名	科 目			平均分
	大学英语	高等数学	大学计算机基础	
李珍珍	90	79	87	85.33
刘晨光	80	96	94	90
周天凯	84	67	86	79
各科最高分	90	96	94	93.33

图 3-63　"学生成绩表"样图

3. 编辑数学公式

使用 Word 中的公式编辑器编辑两个数学公式，公式如下：

$$\cot(\alpha \pm \beta) = \frac{\cot\alpha\cot\beta \mp 1}{\cot\beta \pm \cot\alpha}$$

$$\int_a^b f(x)\mathrm{d}x = h\left[\frac{f(a)+f(b)}{2}\right] + \sum_{k=1}^{n-1} f(x_k)$$

4. 制作报刊

按照图 3-64 所示的样文布局和内容制作报刊。具体要求如下：

图 3-64　报刊样文

（1）新建 Word 文档，将文档保存在 D 盘，命名为"报刊.docx"。

（2）页面、板式设置。纸张大小设置成自定义大小，高度为 25 厘米；宽度为 21 厘米；左右页边距为 2.5 厘米；上下页边距为 3 厘米。

（3）插入一个 4 行 2 列的表格。调整各行高和列宽到合适的宽度。按图 3-65 所示的样式合并单元格。

（4）按样文将刊物中的文字输入到表格的相应位置。B 区域"2014 年 1 月第 1 期"左对齐，"计算机基础教学中心"右对齐；C 区域中"电脑使用小常识"为隶书、小二号、绿色、字符边框（蓝色）；其余文字加项目符号；D 区域文字左缩进 1 字符，首行缩进两字符，多倍行距 1.25（未特殊说明的文字均为 5 号宋体、单倍行距）。

图 3-65　报刊布局

注意　各区域内容的对齐方式及格式要美观大方。

（5）在 A 区域插入剪贴画，并适当调整剪贴画的大小。插入艺术字"IT 世界"，样式为第 6 行第 3 个 A。

（6）在 D 区域插入艺术字"网络知识"，样式为第 6 行第 2 个 A，文本效果为"转换/倒 V 型"，环绕方式为"紧密型环绕"。

（7）在 D 区域插入竖排文本框，加边框、阴影，文本框内容为"信息时代"，隶书、二号、红色。

（8）在 E 区域插入横排文本框，加虚线边框（红色），文本框内容为"白天——晴转多云"、"晚上——星空灿烂"，华文新魏、小三号、蓝色。

（9）在 E 区域插入自选图形"笑脸"、"星星"，填充颜色为黄色；插入形状"竖卷型"（插入—>形状—>星与旗帜），适当调整大小，设置"形状填充"为"文理/花束"，并添加文字"天气预报"。（提示：选中图形并右击，在弹出的快捷菜单中选择"添加文字"命令，即可添加）。

（10）在 E 区域编辑如下两个公式。

$$s_x = \sqrt{\frac{1}{n-1}\left\{\sum_{i=1}^{n} X_i^2 - n\bar{x}^2\right\}} \qquad \int \frac{\mathrm{d}x}{a^2+x^2} = \frac{1}{a}\mathrm{arctg}\frac{x}{a} + c$$

（11）隐藏相应的表格边框。按照样文设置边框线形，颜色均为蓝色。

（12）插入"长春工程学院主楼"图片。衬于整个报刊文字下方，设置成"冲蚀"效果，叠放次序设置为"置于底层"。

（13）设置页眉为"长春工程学院学报、小四号、居中；页脚插入日期时间、右对齐。

实验四　Word 2010 高级应用

【实验目的】

1. 掌握对长文档的编辑和排版。
2. 学会使用"分隔符"。
3. 进一步掌握页眉、页脚的设置方法。
4. 熟练掌握自动生成目录的方法。

【上机指导】

将论文添加封面和目录，并按要求进行排版。论文第一页为封面，第二页为自动生成的目录，第三页开始为正文。其中除封面页和目录页外，其他页均添加页眉页脚，并且奇数页和偶数页的页眉内容各不相同（如第 1 章中的奇数页页眉为"第 1 章前言"，第 2 章中的奇数页页眉为"第 2 章纳税筹划概述"等，偶数页页眉均设置为"浅议个人所得税纳税筹划"）；页脚设为页码（不分奇偶页）；页眉页脚居中。排版后的部分样式如图 3-66 所示。

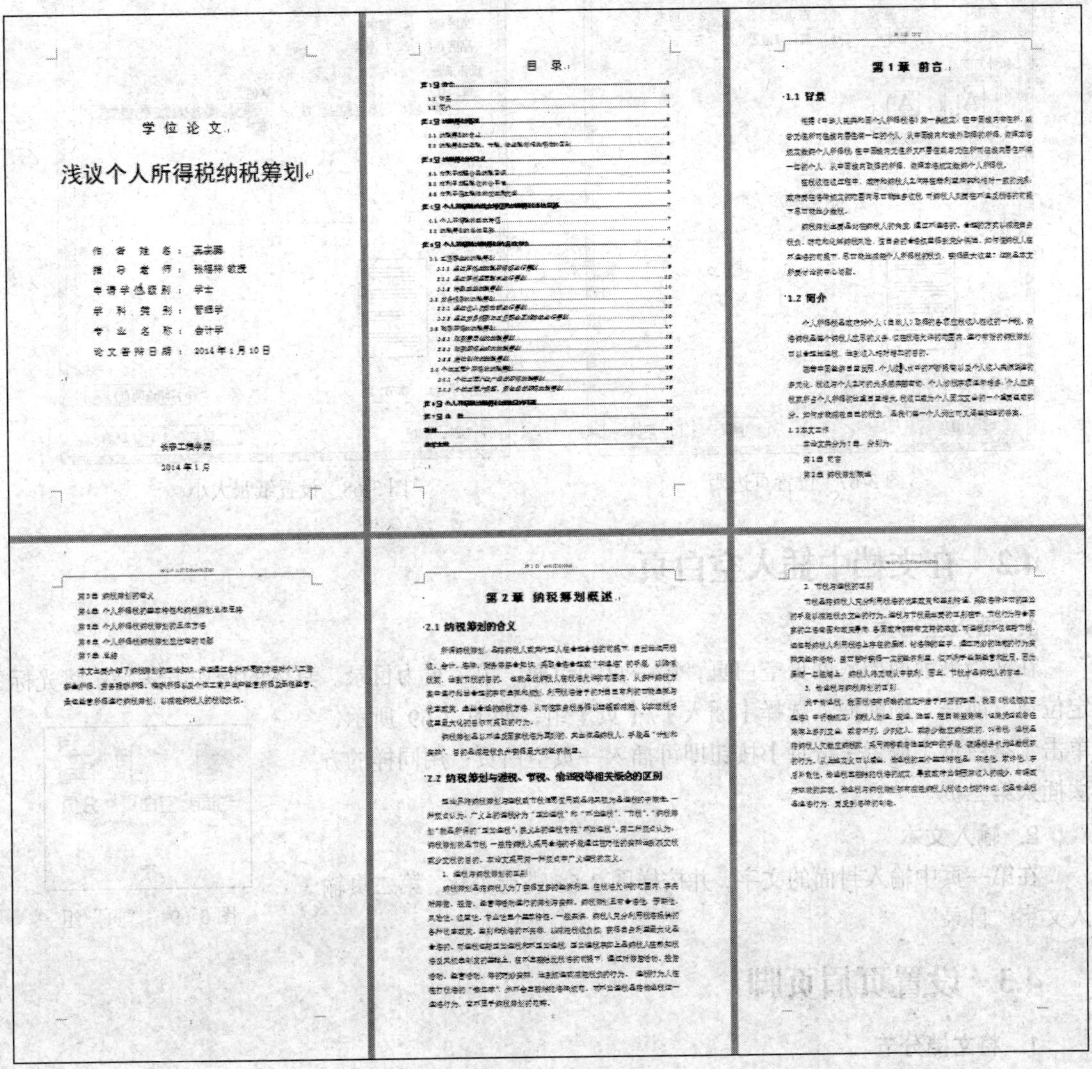
学位论文

浅议个人所得税纳税筹划

目 录

第 1 章 前言

1.1 背景

1.2 简介

第 2 章 纳税筹划概述

2.1 纳税筹划的含义

2.2 纳税筹划与逃税、节税、偷逃税等相关概念的区别

图 3-66 论文排版样文

4.1 页面设置

打开文件“论文排版.docx”。

选择【页面布局】/【页面设置】组，单击其右下角的【功能扩展】按钮，打开“页面设置”对话框，如图 3-67 所示。在“页边距”选项卡中的“上”、“下”、“左”、“右”文本框均输入或选择“2.5 厘米”。

单击“纸张”选项卡，在“纸张大小”中选择“A4”，如图 3-68 所示。

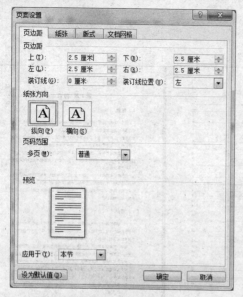

图 3-67　设置页边距

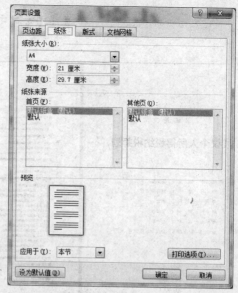

图 3-68　设置纸张大小

4.2　在文档中插入空白页

1.　插入空白页

在文档最前面插入两页空白页，第一页为封面，第二页为目录。具体的操作方法是：将光标定位在"前言"的前面，选择【插入】/【页】组，如图 3-69 所示，单击【空白页】或者【分页】按钮即可插入一页空白页；用同样的方法插入第二页。

2.　输入文本

在第一页中输入封面的文字，并按样图 3-66 进行美化，第二页输入文字"目录"。

图 3-69　"页"组

4.3　设置页眉页脚

1.　将文档分节

（1）封面页一节，目录页一节，每一章分别为一节，致谢、参考文献各一节。分节方法为（以第 1 章为例）：将光标定位在"第 1 章 前言"前面，选择【页面布局】/【页面设置】组，单击【分隔符】按钮右侧的下拉箭头，弹出下拉列表，选择"分节符"选项中的"下一页"，如图 3-70 所示。

（2）用同样的方法将文档中的每一章以及目录、致谢、参考文献前均插入分节符。

说明　　将文档分节的目的是可以将不同的章节设置不同的页眉页脚。

2.　设置页眉/页脚

（1）选择【插入】/【页眉页脚】组，单击【页眉】按钮，在弹出的下拉列表中选择"编辑页眉"，切换到页眉和页脚编辑区，如图 3-71 所示。因为对文档进行了分节操作，所以封面页的页眉页脚中显示的是"第 1 节"，目录页显示的是"第 2 节"，第 1 章显示的是"第 3 节"等。

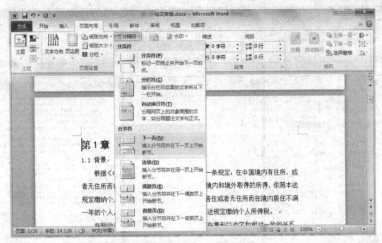

图 3-70　插入分节符

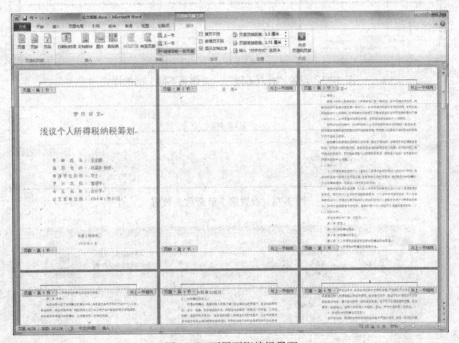

图 3-71　页眉页脚编辑界面

（2）将光标定位到封面页页眉区，选择【设计】/【选项】组，选中"首页不同"和"奇偶页不同"，如图 3-72 所示。用同样的方法将目录页设置成"首页不同"和"奇偶页不同"，其他节设置成"奇偶页不同"，此时在页眉页脚区域显示的内容有所改变，如图 3-73 所示。

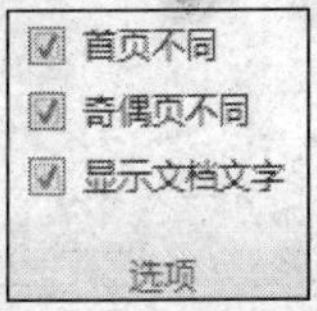

（3）将光标定位到第 3 节的奇数页页眉处，在页眉区域输入"第 1 章　前言"，如图 3-74 所示。单击【导航】组中的【转至页脚】按钮，则光标定位到该页页脚处，单击"页眉和页脚"组中的【页码】按钮，在弹出的菜单中单击"页面底端"，选择级联菜单中的"普通样式 2"，如图 3-75 所示，即可插入位置居中的页码。由于在 Word 中页码默认都是从整个文档中的第一页开始计算的，所以在页脚中自动添加的当前页码是"3"，如图 3-76 所示。

> ☑ 首页不同
> ☑ 奇偶页不同
> ☑ 显示文档文字
> 选项

图 3-72　"选项"组

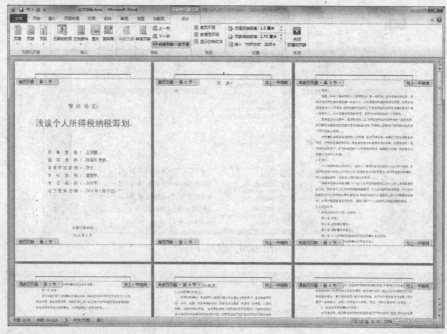

图 3-73　设置"首页不同"、"奇偶页不同"后的样式

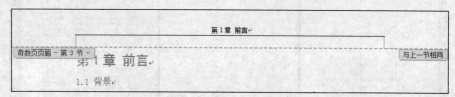

图 3-74　设置第 3 节奇数页页眉

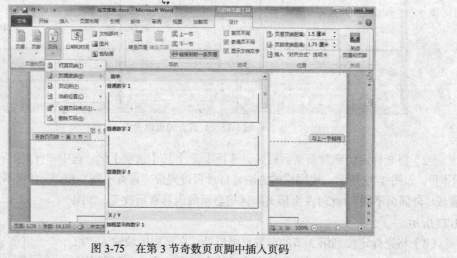

图 3-75　在第 3 节奇数页页脚中插入页码

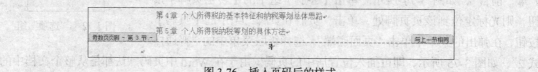

图 3-76　插入页码后的样式

（4）为了使正文页码从"1"开始，单击"页眉和页脚"组中的【页码】按钮，在弹出的菜单中选择"设计页码格式"，弹出"页码格式"对话框，如图 3-77 所示。在"页码编号"区域选择"起始页码"并在后面的数值中输入"1"。

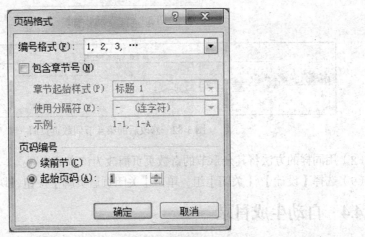

图 3-77 设置第 3 节的起始页码为 1

（5）将光标定位到第 3 节的偶数页页眉处，在页眉区域输入"浅议个人所得税纳税筹划"，如图 3-78 所示。并转至页脚设置页码，方法同（3）。

图 3-78 设置第 3 节偶数页页眉

（6）设置完第 3 节的页眉后，后面的每一节页眉也会自动与第 3 节保持相同的设置，图 3-79 和图 3-80 为第 4 节的奇数页和偶数页页眉，页眉内容同第 3 节一致。

图 3-79 第 4 节奇数页页眉

图 3-80 第 4 节偶数页页眉

（7）将光标定位在第 4 节奇数页页眉处，选择【设计】/【导航】组，如图 3-81 所示。单击"链接到前一条页眉"按钮 ![链接到前一条页眉] ，则可取消与上一节的关联，然后将页眉改为"第 2 章 纳税筹划概述"，如图 3-82 所示。

图 3-81　　"导航"组

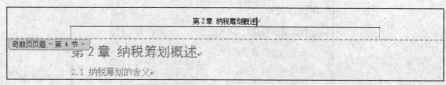

图 3-82　　修改后的第 4 节偶数页页眉

（8）用同样的方法将其余章节的奇数页页眉改为该章的标题。

（9）选择【设计】/【关闭】组，单击【关闭页眉页脚】按钮，切换回页面编辑视图。

4.4　自动生成目录

1．设置标题样式

为了实现自动生成目录，必须将文档的标题设置相应的样式。

（1）选择【开始】/【样式】组，在该组中显示了 Word 自带的或文档中已有的样式，如"标题 1"、"正文"、"标题 2"等，如图 3-83 所示。

图 3-83　　"样式"组

（2）右键单击"标题 1"，在弹出的快捷菜单中选择"修改"命令，出现"修改样式"对话框，如图 3-84 所示。

图 3-84　　"修改样式"对话框

（3）选择【格式】按钮，可以对样式文字的字体（含字号、字形、颜色、修饰效果等）、段落（含行距、段前段后距离、缩进、换行与分页）等特性进行修改。"标题 1"修改为：黑体、小二号字，居中，1.5 倍行距，段前 8 磅、段后 8 磅。

（4）将光标定位到"第 1 章 前言"，单击"样式"组中的"标题 1"，则套用了"标题 1"的所有样式。分别选中文档中的各章标题，用同样的方法设置成"标题 1"样式。

（5）重复（2）～（4）的步骤，将"标题 2"修改为：宋体、加粗、三号字，左对齐，2 倍行距；并将文档中的二级标题（如"1.1 背景"和"1.2 简介"）设置成"标题 2"样式。

（6）重复（2）～（4）的步骤，将"标题 3"修改为：宋体、加粗、四号字，左对齐，1.5 倍行距；并将文档中的三级标题（如"5.1.1 通过降低应纳税所得额进行筹划"和"5.1.2 通过降低适用税率进行筹划"）设置成"标题 3"样式。

2．建立目录。

设置了标题样式之后，就可以建立目录了。具体方法如下：

（1）将光标定位到目录页中"目录"二字的下面。

（2）选择【引用】/【目录】组，单击【目录】按钮，在弹出的下拉列表中选择"插入目录"，打开"目录"对话框，如图 3-85 所示。

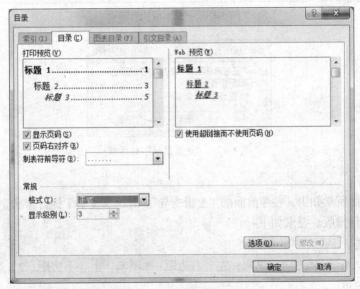

图 3-85　"目录"对话框

（3）单击"目录"选项卡，在"常规"区域"格式"右边下拉菜单中选择"正式"，其他为默认设置。如果要显示到第四级标题，则可以在显示级别后面输入"4"。

（4）单击【确定】按钮，这时就出现了如图 3-86 所示的目录。

（5）创建了目录后，一旦文档改变，页码也将随之改变，这时可以更新目录，具体的操作方法是：鼠标右击目录中的任何位置，在弹出的快捷菜单中选择"更新域"，则弹出"更新目录"对话框，如图 3-87 所示。可以根据需要选择要更新的项目，单击【确定】按钮。

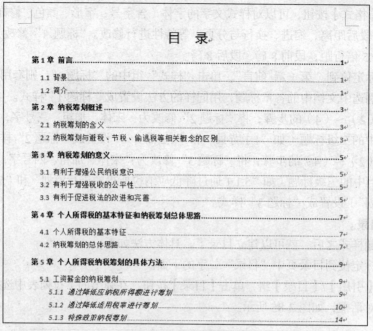

图 3-86　自动生成的目录

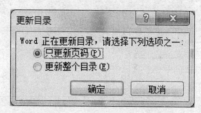

图 3-87　"更新目录"对话框

【实验作业】

综合应用前面所学知识，参考前面的"上机指导"，对论文《基于提升家居企业核心竞争力的价值链优化》进行排版。要求如下：

1. **页面设置。**

纸张大小：A4；纸张方向：纵向；左、右边距：3厘米，上、下边距：2.5厘米。

2. **插入空白页。**

插入两页空白页，并添加封面和目录。第一页为封面，第二页为自动生成的目录。

3. **插入分节符。**

封面页为一节，目录页为一节，每一章分别为一节，致谢、参考文献各一节。

4. **设置页眉/页脚。**

除封面页和目录页外，其他页均添加页眉页脚，并且奇数页和偶数页的页眉内容各不相同（如第1章中的奇数页页眉为"第1章前言"，第2章中的奇数页页眉为"第2章家居企业的纵向价值链优化"等，偶数页页眉均设置为"基于提升家居企业核心竞争力的价值链优化"）；页脚设为页码（不分奇偶页）；页眉页脚居中。

5. **设置标题样式。**

（1）一级标题（标题1、居中对齐、黑体小三号字、3倍行距）。

（2）二级标题（标题 2、左对齐、黑体四号字、2 倍行距）。

（3）三级标题（标题 3、左对齐、黑体小四号字、1.5 倍行距）。

6. 自动生成目录。

实验五 Excel 2010 综合应用

【实验目的】

培养学生综合运用 Excel 的能力。运用前面学过的知识，创建一个完整的 Excel 数据表，如图 3-88 所示。包括数据的输入，格式的设置，字体、字号的设置，添加边框、公式和函数的运用，图表的制作等内容。

××系各专业期末成绩汇总表

专业	学号	姓名	马列	高数	英语	物理	计算机	总分	平均分	名次
工商管理	619001	张强	85	38	76	95	85			
工商管理	619002	王梅	96	95	93	86	81			
工商管理	619003	李永娟	58	45	68	74	72			
工商管理	619004	吴迪生	83	82	81	68	91			
工商管理	619005	廖晨星	98	79	62	85	46			
工商管理	619006	赵本平	29	68	73	76	94			
财务管理	719001	许江	62	92	69	68	76			
财务管理	719002	艾艺莲	69	84	59	91	68			
财务管理	719003	李光辉	75	82	83	92	83			
财务管理	719004	陈诚	92	92	88	85	93			
财务管理	719005	林立	89	98	67	88	75			
财务管理	719006	张平	90	67	84	77	89			
工程造价	819001	侯超	78	76	67	89	85			
工程造价	819002	温淼	98	69	84	92	78			
工程造价	819003	刘军	98	92	90	93	88			
工程造价	819004	李彤	89	98	67	78	88			
工程造价	819005	王新伟	78	76	89	90	92			
单科平均分										
单科最高分										
单科最低分										
参考学生人数										
优秀学生人数										

图 3-88　期末成绩汇总表样文

【上机指导】

5.1 数据的输入、编辑与格式的设置

1. 新建工作簿

① 选择【开始】→【所有程序】→【Microsoft Office】→【Microsoft Office Excel 2010】命令，启动 Excel 2010，系统自动建立一个名为"工作簿 1.xlsx"的空工作簿。

② 单击"文件"菜单项，在下拉菜单中选择"保存"命令，弹出"另存为"对话框，如图 3-89 所示。选择保存位置，在"文件名"右边的文本框中输入"专业成绩表"，保存类型为"Excel 工作簿"，最后单击【保存】按钮即可。

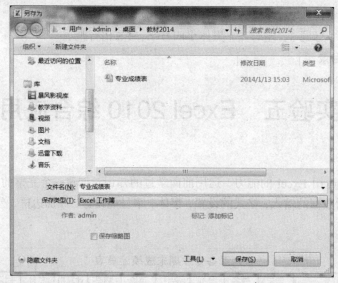

图 3-89　"保存"对话框

2．输入数据

按图 3-90 所示的样式输入数据，输入时需要注意以下几个问题。

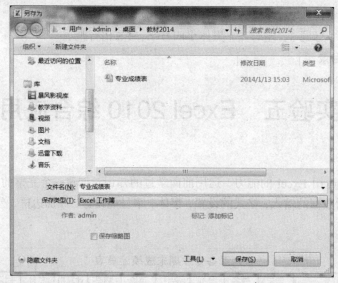

图 3-90　"学生成绩表"部分数据

① 输入文字前先定位单元格，输入完一个单元格内容后，按"Tab"键横向移动单元格，按"Enter"键纵向移动单元格。

② 自动填充数据。专业、学号栏输入时使用自动填充功能。定位单元格到 A3，输入第一个专业"工商管理"，把鼠标放到单元格右下角的黑色方块（填充柄）上，鼠标会变成一个黑色的十字形，按下鼠标左键向下拖动，到一定的数目就可以了，此时鼠标移动过的单元格就会自动地填充上数据了，如图 3-91 所示。在 B3 和 B4 单元格分别输入"619001"和"619002"并选中这两个单元格，按上面的方法拖动鼠标，可以按递增顺序填充，如图 3-92 所示。

3．设置单元格格式

① 设置单元格对齐方式。

选定单元格区域 A2:K24，右键单击选中的区域，在弹出的快捷菜单中单击"设置单元格格式"命令，如图 3-93 所示。在"设置单元格格式"对话框"对齐"选项卡中，设置"水平对齐"为"居中"；"垂直对齐"为"居中"，单击【确定】按钮，如图 3-94 所示。

图 3-91　自动填充数据

图 3-92　递增填充数据

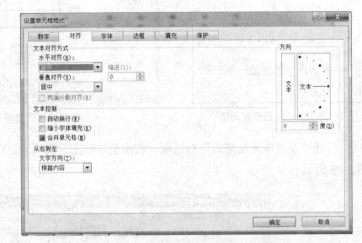

图 3-93　"设置单元格格式"快捷菜单　　　图 3-94　"设置单元格格式"对话框

② 设置字体、字号。

选定"××系各专业期末成绩汇总表"所在的单元格，在"开始"菜单下的"字体"组中设置为"黑体"；"字形"为"加粗"；"字号"为"18"，如图 3-95 所示。

选定单元格区域"A2:K24"（除第一行之外的所有文字所在单元格），设置"字体"为"宋体"；"字形"为"常规"；字号为"10 号"。

4. 合并单元格

① 选中单元格区域"A20:C20"，在"对齐方式"组中单击"合并"下三角按钮，在下拉列表中单击"合并后居中"选项，如图 3-96 所示。

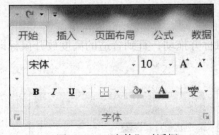

图 3-95　"字体"对话框

图 3-96　合并单元格

② 用同样的方式对单元格区域"A21:C21"和"A22:C22"选择"合并后居中"命令；"B23:K23"和"B24:K24"选择"合并单元格"命令。

5. 添加边框和底纹

① 选定单元格区域"A2:K24"，单击"字体"组右下角的对话框启动器，如图 3-97 所示。

② 打开"设置单元格格式"对话框，选中【边框】选项卡，在"线条"选项组设置边框线条的样式和颜色；在"预置"组里单击【外边框】和【内部】按钮，单击【确定】按钮，如图 3-98 所示。

图 3-97 对话框启动器

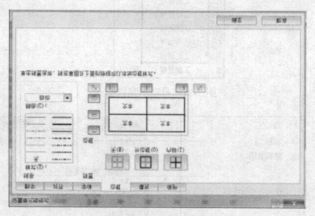

图 3-98 设置单元格边框

③ 打开"设置单元格格式"对话框，切换至"填充"选项卡，在"背景色"中选择"橙色"，如图 3-99 所示。

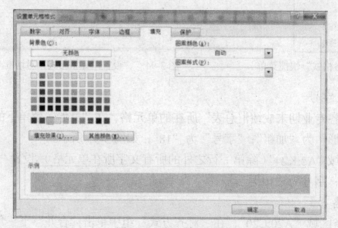

图 3-99 设置单元格底纹

6. 调整工作表的行高和列宽

① 调整行高

将光标移至相应行号的下边框，然后按住鼠标并拖动，直到合适的高度放开鼠标即可，如图 3-100 所示。

图 3-100 鼠标拖动调整行高

② 调整列宽

将光标移至相应号列的右边框，然后按住鼠标并拖动，直到合适的宽度放开鼠标即可。

③ 精确调整

选定"单元格"组中的【格式】按钮，在展开的下拉列表中单击"行高"选项，如图 3-101 所示。输入行高值，单击【确定】按钮即可，如图 3-102 所示。设置"列宽"同上。

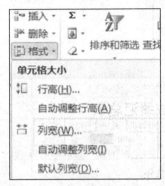

图 3-101　"格式"菜单

图 3-102　设置"行高""列宽"

格式化后的工作表如图 3-103 所示。

	A	B	C	D	E	F	G	H	I	J	K
1				××	系各	专业期	末成	绩汇总	表		
2	专业	学号	姓名	马列	高数	英语	物理	计算机	总分	平均分	名次
3	工商管理	619001	张强	85	38	76	95	85			
4	工商管理	619002	王梅	96	95	93	86	81			
5	工商管理	619003	李永娟	58	45	68	74	72			
6	工商管理	619004	吴迪生	83	82	81	68	91			
7	工商管理	619005	廖晨星	98	79	62	85	46			
8	工商管理	619006	赵本平	29	68	73	76	94			
9	财务管理	719001	许江	62	92	69	68	76			
10	财务管理	719002	艾艺莲	69	84	59	91	68			
11	财务管理	719003	李光辉	75	82	83	92	83			
12	财务管理	719004	陈诚	92	92	88	85	93			
13	财务管理	719005	林立	89	98	67	88	75			
14	财务管理	719006	张平	90	67	84	77	89			
15	工程造价	819001	侯超	78	76	67	89	85			
16	工程造价	819002	温淼	98	69	84	92	78			
17	工程造价	819002	刘军	98	92	90	93	88			
18	工程造价	819003	李彤	89	98	67	78	88			
19	工程造价	819004	王新伟	78	76	89	90	92			
20		单科平均分									
21		单科最高分									
22		单科最低分									
23	参考学生人数										
24	优秀学生人数										

图 3-103　格化后的工作表

5.2　公式和函数的使用

1．利用公式求"总分"

① 选定单元格 I3，单击"公式"菜单项，在"函数库"组中选择【自动求和】按钮右侧的下三角，在下拉列表中单击"求和"命令，如图 3-104 所示。

② 出现 SUM 函数后，单击"Enter"键，出现第一个人的总分 379，使用"自动填充"功能，填充单元格 I4 到 I19，如图 3-105 所示。

图 3-104 　【自动求和】命令

	A	B	C	D	E	F	G	H	I	J	K	I
1	××系各专业期末成绩汇总表											
2	专业	学号	姓名	马列	高数	英语	物理	计算机	总分	平均分	名次	
3	工商管理	619001	张强	85	38	76	95	=SUM(D3:H3)				
4	工商管理	619002	王梅	96	95	93	86	81	SUM(**number1**, [number2], ...)			

图 3-105 　用 SUM 函数求总分

2. 利用公式求"平均分"

① 选定单元格 J3，在图 3-106 中单击"平均值"命令，出现 AVERAGE 函数，如图 3-106 所示。单击"Enter"键。出现第一个人的平均分。

	A	B	C	D	E	F	G	H	I	J	K	L
1	××系各专业期末成绩汇总表											
2	专业	学号	姓名	马列	高数	英语	物理	计算机	总分	平均分	名次	
3	工商管理	619001	张强	85	38	76	95	85	=AVERAGE(D3:I3)			
4	工商管理	619002	王梅	96	95	93	86	81	45	AVERAGE(**number1**, [number2], ...)		

图 3-106 　用 AVERAGE 函数求平均分

② 使用"自动填充"功能，填充单元格 J4 到 J19，如图 3-107 所示。

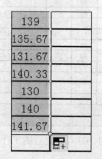

139	
135.67	
131.67	
140.33	
130	
140	
141.67	

图 3-107 　自动填充求平均分

③ 平均分默认带两位小数，要想只带一位小数位数，打开"设置单元格格式"对话框，（方法详见前面相关内容），选择"数字"选项卡，单击"数值"命令，在"示例"中小数位数设为"1"，单击【确定】按钮，如图 3-108 所示。

④ 修改完成的数据如图 3-109 所示。

⑤ 选中单元格 D20，用上述求平均值的方法求"单科平均分"，使用"自动填充"功能，填充单元格 E20 到 H20，如图 3-110 所示。

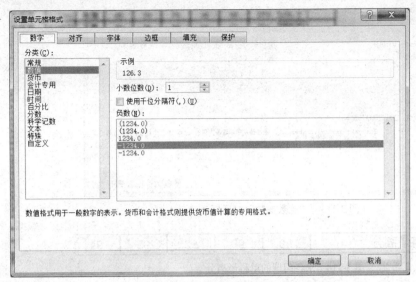

平均分
126.3
150.3
105.7
135.0
123.3
113.3
122.3
123.7
138.3
136.7
139.0
135.7
131.7
140.3
130.0
140.0
141.7

图 3-108 设置小数位数   图 3-109 保留一位小数

单科平均分	78.6	77.2	75.8	82.4	80.2

图 3-110 求单科平均分

3. 求单科最高分、单科最低分、参考总人数

① 求单科最高分

选定单元格 D21，单击"公式"菜单项，选择"插入函数"选项，如图 3-111 所示。

打开"插入函数"对话框，单击"选择类别"后黑三角，在下拉菜单中选择"全部"；在"选择函数"框内选择"MAX"，如图 3-112 所示。

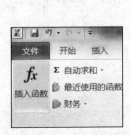

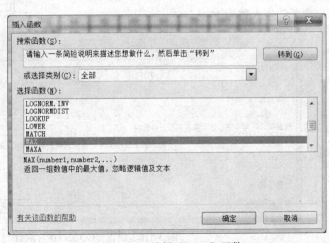

图 3-111 插入函数   图 3-112 选择"MAX"函数

打开"函数参数"对话框，输入求最大值的数值区间 D3：D19，单击【确定】按钮，即可求出第一门课的最高分 98，如图 3-113 所示。

用"自动填充"的方法可以将其余科目的专业最高分求出，如图 3-114 所示。

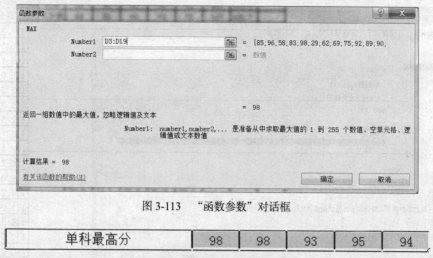

图 3-113　"函数参数"对话框

单科最高分	98	98	93	95	94

图 3-114　求各门课的单科最高分

② 求单科最低分

打开"插入函数"对话框，在"选择函数"框内选择"MIN"，其余方法与求单科最高分相同。

③ 求参考总人数

选定单元格 B23，单击"公式"菜单项，在"其他函数"下三角中选择"统计"，在下拉列表中单击"COUNT"命令，如图 3-115 所示。

打开"函数参数"对话框，输入数值区间 B3：B19，单击【确定】按钮即可，方法与求最高分相同，求出参考学生人数为 17 人。

图 3-115　选择"COUNT"函数

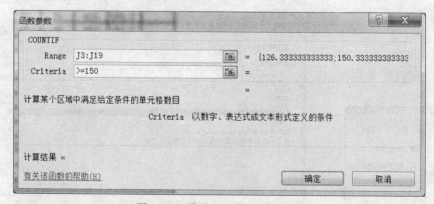

图 3-116　设置"COUNTIF"函数

④ 求优秀学生人数

在图 3-115 中选择"COUNTIF"函数，在"COUNTIF 函数参数"对话框中，"Range"右边的文本框中输入单元格区域"J3:J19"，或直接用鼠标选择单元格区域"J3:J19"；在"Criteria"右边的文本框中输入条件 "＞=150"，如图 3-116 所示。单击【确定】按钮，求出 "优秀"学生人数：3 人，如图 3-117 所示。

参考学生人数	17
优秀学生人数	3

图 3-117　公式计算结果

4. 按总分排名次

① 选择"总分"字段下的所有数据 I3:I19，右键单击鼠标，在快捷菜单中选择"定义名称"命令，如图 3-118（a）所示。

② 打开"新建名称"对话框，默认名称是"总分"，无需修改。"引用位置"一栏就是刚才选择的数据区域，单击【确定】按钮即可。如图 3-118（b）所示。

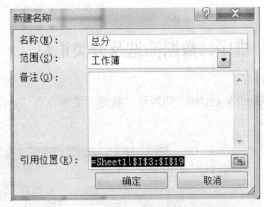

图 3-118（a）　选择"定义名称"命令　　　　图 3-118（b）　"新建名称"对话框

③ 选定单元格 K3，单击"公式"菜单项，选择"插入函数"选项，打开"插入函数"对话框，单击"选择类别"后黑三角，在下拉菜单中选择"全部"；在"选择函数"框内选择"RANK"。打开"RANK 函数参数"对话框，在"Number"项后面的文本框中输入"I3"，在"Ref"右侧的文本框中输入"总分"，后面将显示该区域的全部数据，如图 3-118（c）所示。

图 3-118（c）　RANK 函数参数对话框

单击【确定】按钮，显示出第一个人的排名。选取 K3，用自动填充的方式可以求出所有人的排名，如图 3-119 所示。

××系各专业期末成绩汇总表

专业	学号	姓名	马列	高数	英语	物理	计算机	总分	平均分	名次
工商管理	619001	张强	85	38	76	95	85	379	126.3	12
工商管理	619002	王梅	96	95	93	86	81	451	150.3	2
工商管理	619003	李永娟	58	45	68	74	72	317	105.7	17
工商管理	619004	吴迪生	83	82	81	68	91	405	135.0	10
工商管理	619005	廖晨星	98	79	62	85	46	370	123.3	14
工商管理	619006	赵本平	29	68	73	76	94	340	113.3	16
财务管理	719001	许江	62	92	69	68	76	367	122.3	15
财务管理	719002	艺艺莲	69	84	59	91	68	371	123.7	13
财务管理	719003	李光辉	75	82	83	92	83	415	138.3	8
财务管理	719004	陈诚	92	92	88	85	93	450	150.0	3
财务管理	719005	林立	98	98	67	88	75	417	139.0	7
财务管理	719006	张平	90	67	84	77	89	407	135.7	9
工程造价	819001	侯超	78	76	67	89	85	395	131.7	11
工程造价	819002	温磊	98	69	84	92	78	421	140.3	5
工程造价	819003	刘军	98	92	90	93	88	461	153.7	1
工程造价	819004	李彤	89	98	67	78	88	420	140.0	6
工程造价	819005	王新伟	78	76	89	90	92	425	141.7	4
单科平均分			80.4	78.4	76.5	83.9	81.4			

图 3-119 "排名"结果

5.3 排序、数据筛选及分类汇总

（1）排序

选中单元格 A2:J19，切换至"数据"菜单，在"排序和筛选"组中单击【排序】图标，如图 3-120 所示。

图 3-120 选择【排序】

在弹出的"排序"对话框中，单击"主要关键字"下拉列表右侧三角按钮，在下拉列表中选择"总分"；单击"次序"下拉列表右侧三角按钮，在下拉列表中选择"降序"，如图 3-121 所示。

返回工作表界面，数据按总分进行了降序排序，如图 3-122 所示。

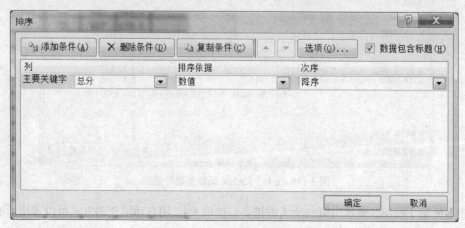

图 3-121 "排序"对话框

××系各专业期末成绩汇总表

专业	学号	姓名	马列	高数	英语	物理	计算机	总分	平均分	名次
工程造价	819003	刘军	98	92	90	93	88	461	153.7	1
工商管理	619002	王梅	96	95	93	86	81	451	150.3	2
财务管理	719004	陈诚	92	92	88	85	93	450	150.0	3
工程造价	819005	王新伟	78	76	89	90	92	425	141.7	4
工程造价	819002	温淼	98	69	84	92	78	421	140.3	5
工程造价	819004	李彤	89	98	67	78	88	420	140.0	6
财务管理	719005	林立	89	98	67	88	75	417	139.0	7
财务管理	719003	李光辉	75	82	83	92	83	415	138.3	8
财务管理	719006	张平	90	67	84	77	89	407	135.7	9
工商管理	619004	吴迪生	83	82	81	68	91	405	135.0	10
工程造价	819001	侯超	78	76	67	89	85	395	131.7	11
工商管理	619001	张强	85	38	76	95	85	379	126.3	12
财务管理	719002	艾艺莲	69	84	59	91	68	371	123.7	13
工商管理	619005	廖晨星	98	79	62	85	46	370	123.3	14
财务管理	719001	许江	62	92	69	68	76	367	122.3	15
工商管理	619006	赵本平	29	68	73	76	94	340	113.3	16
工商管理	619003	李永娟	58	45	68	74	72	317	105.7	17

图 3-122　　"排序"后的结果

（2）数据筛选

选中任意单元格，在"排序和筛选"组中单击【筛选】图标，如图 3-123 所示。这时在每个字段名后出现下三角按钮，单击"英语"字段右边的三角按钮，在"数字筛选"项后的菜单中选择"大于或等于"项。

打开"自定义自动筛选方式"对话框，如图 3-124 所示。在"大于或等于"选项后的下拉列表中输入筛选的值"80"，单击【确定】按钮。返回工作表界面，可以看到"英语"列只显示满足条件的数据，其他数据已被隐藏了，如图 3-125 所示。

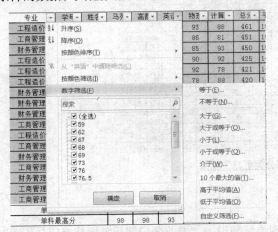

图 3-123　选择"数字筛选"

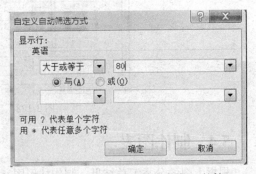

图 3-124　　"自定义自动筛选方式"对话框

××系各专业期末成绩汇总表

专业	学号	姓名	马列	高数	英语	物理	计算机	总分	平均	名次
工程造价	819003	刘军	98	92	90	93	88	461	153.7	1
工商管理	619002	王梅	96	95	93	86	81	451	150.3	2
财务管理	719004	陈诚	92	92	88	85	93	450	150.0	3
工程造价	819005	王新伟	78	76	89	90	92	425	141.7	4
工程造价	819002	温淼	98	69	84	92	78	421	140.3	5
财务管理	719003	李光辉	75	82	83	92	83	415	138.3	8
财务管理	719006	张平	90	67	84	77	89	407	135.7	9
工商管理	619004	吴迪生	83	82	81	68	91	405	135.0	10

图 3-125　　"筛选"后的结果

（3）分类汇总

按“学号”对“专业期末成绩汇总表.xlsx”进行升序排序，确保相同专业学生在一起，选择“数据”项，在“分级显示”组中单击【分类汇总】按钮，如图 3-126 所示。

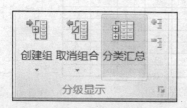

图 3-126 “分类汇总”

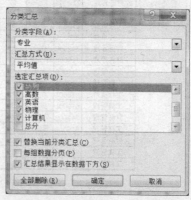

图 3-127 “分类汇总”对话框

弹出“分类汇总”对话框，在“分类字段”下拉列表中选择“专业”；在“汇总方式”下拉列表中选择“平均值”；在“选定汇总项”下拉列表中选择“马列、高数、英语、物理、计算机、平均值”，如图 3-127 所示。分类汇总结果见图 3-128。

2	专业	学号	姓名	马列	高数	英语	物理	计算机	总分	平均分	名次
3	工商管理	619001	张强	85	38	76	95	85	379	126.3	12
4	工商管理	619002	王梅	96	95	93	86	81	451	150.3	2
5	工商管理	619003	李永娟	58	45	68	74	72	317	105.7	17
6	工商管理	619004	吴迪生	83	82	81	68	91	405	135.0	10
7	工商管理	619005	廖晨星	98	79	62	85	46	370	123.3	14
8	工商管理	619006	赵本平	29	68	73	76	94	340	113.3	16
9	工商管理 平均值			74.833	67.833	75.5	80.667	78.167		125.7	
10	财务管理	719001	许江	62	92	69	68	76	367	122.3	15
11	财务管理	719002	艾艺莲	69	84	59	91	68	371	123.7	13
12	财务管理	719003	李光辉	75	82	83	92	83	415	138.3	8
13	财务管理	719004	陈诚	92	92	88	85	93	450	150.0	3
14	财务管理	719005	林立	89	98	67	88	75	417	139.0	7
15	财务管理	719006	张平	90	67	84	77	89	407	135.7	9
16	财务管理 平均值			79.5	85.833	75	83.5	80.667		134.8	
17	工程造价	819001	侯超	78	76	67	89	85	395	131.7	11
18	工程造价	819002	温淼	98	69	84	92	78	421	140.3	5
19	工程造价	819003	刘军	98	92	90	93	88	461	153.7	1
20	工程造价	819004	李彤	89	98	67	78	88	420	140.0	6
21	工程造价	819005	王新伟	78	76	89	90	92	425	141.7	4
22	工程造价 平均值			88.2	82.2	79.4	88.4	86.2		141.5	
23	总计平均值			80.412	78.412	76.471	83.941	81.412		133.5	

图 3-128 “分类汇总”结果

5.4 制作图表

根据上图的分类汇总结果，制作柱形图，图表标题设为“专业各门课程平均分对比分析图”。

① 单击上图所示的分类汇总结果左边的分级展开按钮，如图 3-129 所示。

	A	B	C	D	E	F	G	H
1	××系各专业期末成绩汇							
2	专业	学号	姓名	马列	高数	英语	物理	计算机
9	工商管理 平均值			74.8	67.8	75.5	80.7	78.2
16	财务管理 平均值			79.5	85.8	75.0	83.5	80.7
22	工程造价 平均值			88.2	82.2	79.4	88.4	86.2
23	总计平均值			80.4	78.4	76.5	83.9	81.4
24	单科平均分			80.1	78.2	76.3	83.7	81.2
25	单科最高分			98	98	93	95	94
26	单科最低分			29	38	59	68	46
27	参考学生人数	17						
28	优秀学生比例	3						

图 3-129 “分类汇总”缩略图

② 用鼠标选定图 3-129 中 D2：H22 单元格区域，作为图标的数据来源。选择"插入"菜单下的"图表"组，单击【柱形图】图标，在下拉菜单中的"三维柱形图"中单击第一个图标，如图 3-130 所示，所生成的柱形图见图 3-131。

图 3-130　选择【柱形图】图标

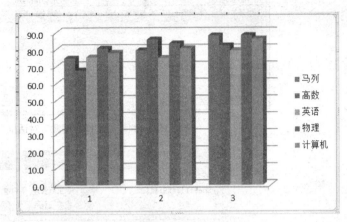

图 3-131　生成的柱形图

③ 选中图表，切换至【图表工具】/【布局】选项卡，单击【图表标题】按钮，在展开的下拉列表中单击"图表上方"选项，如图 3-132 所示。在柱形图上方文本框中输入"专业各门课程平均分对比分析图"即可。

④ 切换至【图表工具】/【设计】选项卡，在"数据"组中单击【选择数据】图标，如图 3-133 所示。

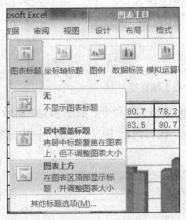

图 3-132　【图表标题】按钮

图 3-133　【选择数据】图标

⑤ 打开"选择数据源"对话框，如图 3-134 所示。在"水平（分类）轴标签"框中选择"1"，单击【编辑】按钮，打开"轴标签"对话框，如图 3-135 所示。

⑥ 单击"轴标签区域"栏中右侧的方形图标，用鼠标在分类汇总表中拖动 A9：A22 单元格区域，"轴标签区域"框中将显示"=Sheet1!$A$9:$A$22"，单击【确定】按钮即可将"水平分类轴标签"改为"工商管理 平均值、财务管理 平均值、工程造价 平均值"如图 3-136 所示。

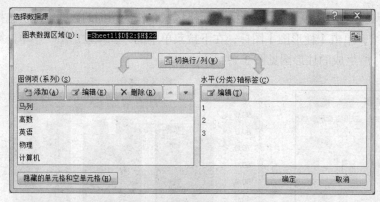

图 3-134 "选择数据源"对话框

图 3-135 "轴标签"对话框

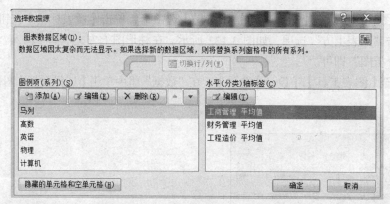

图 3-136 设置水平（分类）轴标签

⑦ 右键单击垂直轴，在快捷菜单中选择"设置坐标轴格式"命令，如图 3-137 所示。打开"设置坐标轴格式"对话框，在左侧框中选择"数字"命令，在右侧框中的"类别"栏中选择"数字"；"小数位数"设置为"0"，如图 3-138 所示。

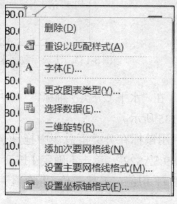

图 3-137 "设置坐标轴格式"命令

图 3-138 设置小数位数

设置完成后的图表见图 3-139。

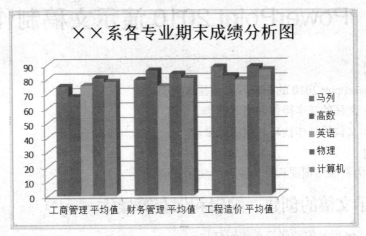

图 3-139 设置完成后的图表

【实验作业】

创建一个名为"长春工程学院学生成绩报告表"的工作簿文件，具体要求如下：

长春工程学院学生成绩报告表

专业班级：___XX0941___   ___2010___ / ___2011___ 学年 ___二___ 学期   考试时间：___2010___ 年 _4_ 月 _20_ 日

考试(查)课程：___大学计算机基础实践___   课程编号：___1401601010___   学时：___22___   学分：_1_

学号	姓名	性别	平时20%	期末80%	总评	学号	姓名	性别	平时20%	期末80%	总评
504451201	张三	女	70	95	90	504451211	张小娟	男	78	78	78
504451202	李四	女	89	90	90	504451212	周涛	男	56	66	64
504451203	王二	女	67	88	84	504451213	王一昊	男	90	55	62
504451204	刘一	女	89	89	89	504451214	王影	男	87	89	89
504451205	张红	女	56	96	88	504451215	董利	男	57	80	75
504451206	周冲	女	74	90	87	504451216	张岩	男	87	86	86
504451207	李冬	女	83	65	71	504451217	张一博	男	64	54	56
504451208	张金	女	96	98	98	504451218	黄丽	男	47	56	54
504451209	王小伟	女	46	65	61	504451219	郭昆	男	89	89	89
504451210	李燕	女	78	70	72	504451220	张利	男	96	89	90

成绩分析					缺考学生姓名：		
总评成绩	90-100优秀	80-89良好	70-79中等	60-69及格	0-59不及格		
人数	3	8	4	3	2		
%	15	40	20	15	10	任课教师签名	
最高分		98	班级总人数		20	教研室主任签名	
最低分		54	缺考人数		0	院系负责人签名	

注：①考试课成绩(平时、期末、总评)均按百分制填写，考查课成绩在总评栏按五级制填写；
②此表由任课教师将平时成绩于考试一周前交课程责任单位，并由责任单位组织填写完整。

1. 专业班级、学期、学年、考试时间根据实际情况填写。

2. 学号、姓名、性别、考试成绩可自行编写。

3. 总评、优秀、良好、中等、及格和不及格人数、百分比、最高分、最低分、班级总人数都要求用公式进行计算。

4. 筛选出总分在 90 分以上的学生。

5. 按总评等级给出分布饼状图，图表类型设为"分离型三维饼图"，系列产生在"行"，图表标题设为"成绩分布图"，图例位置"靠右"，数据标签包括"类别名称"和"百分比"。

实验六　PowerPoint 2010 演示文稿制作与编辑

【实验目的】

1. 熟悉 PowerPoint 2010 的窗口界面和基本组成。
2. 掌握演示文稿的基本操作和格式编排。
3. 掌握演示文稿的制作技巧和演示效果。

【上机指导】

制作以"人力资源培训课程"为主题的演示文稿。

6.1　演示文稿的创建、编辑和保存等操作

创建如图 3-140 所示的两张简单的幻灯片。

图 3-140　编辑幻灯片示例

1. 启动 PowerPoint 2010

选择【开始】→【所有程序】→【Microsoft Office】→【Microsoft Office PowerPoint 2010】命令，即可启动 PowerPoint 2010，如图 3-141 所示。

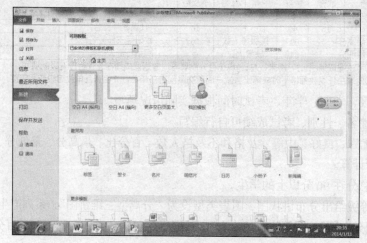

图 3-141　启动 PowerPoint 2010

2. 创建幻灯片

单击"开始"选项卡，单击【幻灯片组】中的【新建幻灯片】按钮，选择"标题幻灯片"，此时出现一个标题幻灯片，在幻灯片中包含两个文本占位符，即"单击此处添加标题"和"单击此处添加副标题"。在"单击此处添加标题"的占位符中单击，输入标题文字"2014 年公司培训课程"；在"单击此处添加副标题"的占位符中单击，输入"人力资源培训"，如图 3-142 所示。

图 3-142　创建幻灯片

3. 创建第 2 张幻灯片

① 选择【开始】/【新建幻灯片】/【标题和内容】命令，即可插入一张新的幻灯片，默认为"标题和文本"版式，也有两个占位符。

② 在该幻灯片的标题占位符中单击，输入"人力资源"。

③ 在幻灯片的文本占位符中单击，输入其余文字。

4. 保存文件

选择【文件】/【另存为】菜单命令或直接单击"常用"工具栏中的【保存】按钮，弹出"另存为"对话框，如图 3-143 所示。选择保存位置，设置文件名为"2014 公司培训课程.pptx"，单击【保存】按钮。

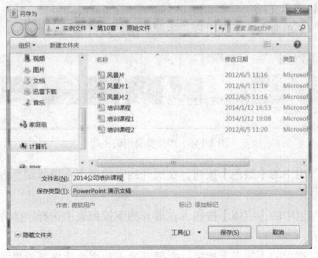

图 3-143　保存文件

6.2 幻灯片版式、模板及配色方案的设置

1. 幻灯片版式的使用

打开"2014公司培训课程.pptx",选择幻灯片版式。

① 单击"幻灯片组"中"版式"菜单命令右边的黑三角,窗口右面出现"幻灯片版式"任务窗格,如图3-144所示。

图3-144 幻灯片版式

图3-145 应用版式后的幻灯片

② 在幻灯片选项卡上选中第2张幻灯片,然后在"幻灯片版式"任务窗格中单击"两栏内容"版式,将该版式应用于选定的幻灯片。

③ 在第二个文本框中输入文字,并添加如图3-145所示的图片。

在设计幻灯片时,可以根据需要选择各种幻灯片版式,还可以更改已经设置好的版式,这为我们设计幻灯片提供了很大的方便。

2. 通过主题美化演示文稿

① 选择"设计"菜单命令,下面出现"主题"组,如图3-146所示。

图3-146 选择要套用的主题

② 单击"主题"组中的【颜色】按钮,在展开的下拉列表中选择颜色方案,例如:"穿越",如图3-147所示。

③ 单击"主题"组中的【字体】按钮,在展开的下拉列表中选择字体方案,例如:"龙腾四海",如图3-148所示。

④ 单击"主题"组中的【效果】按钮,在展开的下拉列表中选择效果方案,例如:"暗香扑

面”，如图 3-149 所示。

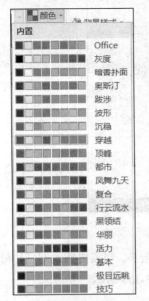

图 3-147　设置颜色

图 3-148　设置字体

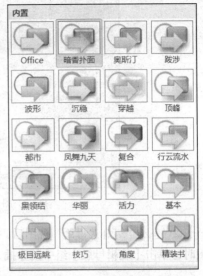

图 3-149　设置效果

3. 设置幻灯片背景

将第 3 张幻灯片的背景填充效果改为"纹理填充"。

① 单击"主题"组中的【背景样式】按钮，弹出"背景"对话框，如图 3-150 所示。如果仅为第 3 张幻灯片设置背景，则右击该幻灯片，打开"设置背景格式"对话框即可。

② 选择【图片或纹理填充】按钮，在"纹理"后黑三角下拉菜单中选择"水滴"纹理，如图 3-151 所示。

图 3-150　"背景格式"对话框

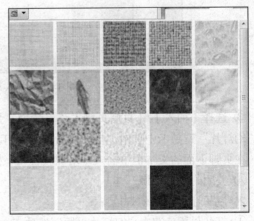

图 3-151　选择"纹理"

6.3　使用幻灯片母版

1. 在母版中插入日期和幻灯片编号

① 选择【视图】/【母版视图】组中的"幻灯片母版"命令，打开幻灯片母版，如图 3-152 所示。

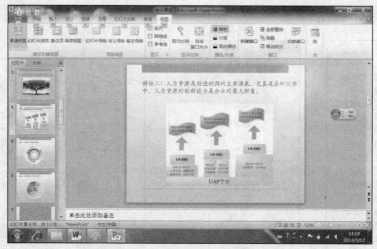

图 3-152　选择【幻灯片母版】

② 进入"幻灯片母版"视图后，将自动切换到"幻灯片母版"选项卡。当需要插入幻灯片母版时，单击【编辑母版】组中的【插入幻灯片母版】按钮即可，如图 3-153 所示。

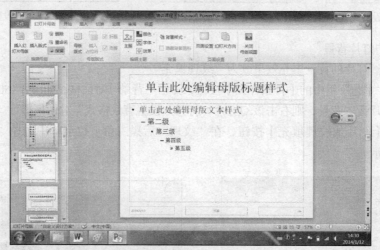

图 3-153　插入"幻灯片母版"

③ 选择【插入】/【页眉页脚】菜单命令，弹出"页眉和页脚"对话框，如图 3-154 所示。在"幻灯片"选项卡中选中"自动更新"、"幻灯片编号"、"页脚"和"标题幻灯片中不显示"四项；在页脚下面的文本框中输入"培训教程"，然后单击【全部应用】按钮。

④ 关闭幻灯片母版。

2．在母版中设置幻灯片背景

① 打开母版，选中"幻灯片母版"选项卡，单击"背景"组中的【背景样式】按钮，在下拉列表中选择【设置背景格式】按钮，在弹出的"设置背景格式"对话框中，在"填充"面版上单击选中【渐变填充】按钮。单击"预设颜色"按钮，在展开的下拉列表中选择"雨后初晴"选项，如图 3-154 所示。

② 单击【方向】按钮，在展开的下拉列表中单击"线性向上"选项，如图 1-156 所示。

③ 关闭幻灯片母版，则刚添加的设置会在所有幻灯片中显示，如图 1-157 所示。

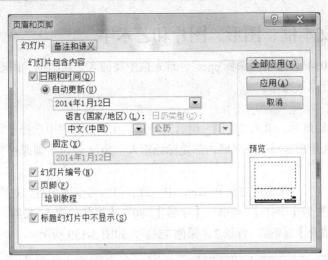

图 3-154　设置"页眉页脚"

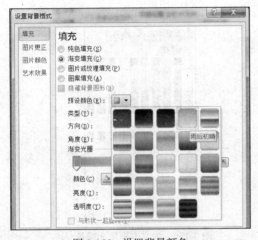

图 3-155　设置背景颜色

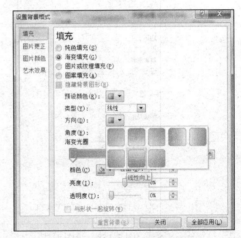

图 3-156　设置渐变方向

图 3-157　关闭母版

3. 可以根据需要更改幻灯片母版的样式，比如更改字体、字号、颜色及项目符号、占位符大小和位置等，这里不做任何修改。

幻灯片母版控制了某些文本特征（如字体、字号和颜色），称之为"母版文本"。另外，它还控制了背景色和某些特殊效果（如阴影和项目符号样式）。幻灯片母版包含文本占位符和页脚（如日期、时间和幻灯片编号）占位符。如果要修改多张幻灯片的外观，不必每张幻灯片都进行修改，只需在幻灯片母版上做一次修改即可。PowerPoint 将自动更新已有的幻灯片，并对以后新添加的幻灯片应用这些更改。如果要更改文本格式，可选择占位符中的文本并做更改。

6.4 插入文本框、图形、图片和艺术字

打开幻灯片"2014 公司培训课程.pptx",首先选中要插入"文本框、图形、图片或艺术字"的幻灯片,然后进行以下操作。

1. 插入文本框

① 选择第一张幻灯片,单击"绘图"组后黑三角,在下拉列表中选择【文本框】按钮,在幻灯片右侧拖动出一块矩形区域,在区域内部光标处输入"2014 公司培训课程"文字。绘图工具栏如图 3-158 所示。

② 设置字体、字号、颜色的方法和 Word 中一致,可参考前面内容,这里不再重复介绍。其中,"封面字样"设置为【字体】"隶书",【字号】"80",【形状轮廓】"粉红,强调文字颜色 2,淡色 40%";【形状填充】"浅蓝,背景 2,深色 75%",如图 3-159 所示。

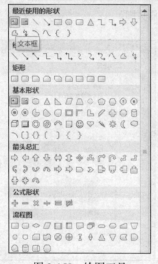

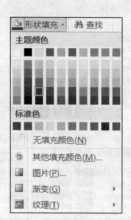

图 3-158 绘图工具   图 3-159 为文本框填充颜色

③ 选择"绘图"组中"基本形状"栏下的"太阳形",在第一张幻灯片中绘制,如图 3-160 所示。

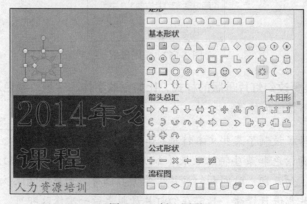

图 3-160 插入图形

④ 拖动四周的控制句柄来调整大小或拖动到适当的位置。

⑤ 设置"形状填充"颜色为"黄色"。

2．插入图片

① 在幻灯片编辑区单击"插入图片"占位符，此时弹出"插入图片"对话框，如图 3-161 所示。选择图片"大树.jpg"，单击【插入】按钮。

② 可以通过拖动四周的控制句柄来调整大小，并拖动图片到适当的位置。如图 3-162 所示。

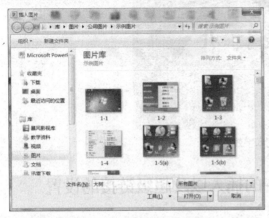

图 3-161　"插入图片"对话框　　　　　　图 3-162　"插入图片"后的幻灯片

3．插入艺术字

① 在第 2 张幻灯片中输入"人力资源"文本，选择"插入"菜单中的【艺术字】按钮，弹出"艺术字库"对话框。选择"填充-粉红，强调文字颜色 2，暖色粗糙棱台"，如图 3-163 所示。

② "文本效果"选择"三维旋转，离轴右 1"，"发光"选择"粉红 8pt 发光，强调文字 2"，如图 3-164 所示。

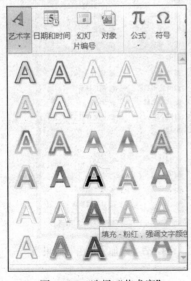

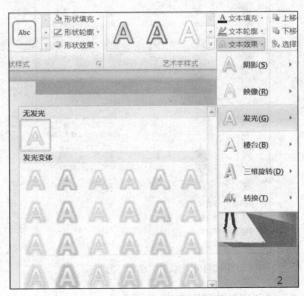

图 3-163　选择"艺术字"　　　　　　图 3-164　设置"文本效果"

③ 可以通过拖动四周的控制句柄来调整艺术字大小或拖动到适当的位置，如图 3-165 所示。

图 3-165　艺术字效果

6.5　实现幻灯片动画设置、声音的插入以及超级链接的设置

1.　为演示文稿添加动画

选中艺术字"人力资源"，选择"动画"菜单项，在"添加动画"下拉列表中的"进入"组中单击要使用的动画效果，如"缩放"，如图 3-166 所示。当播放幻灯片时，系统会应用该动画效果。

2.　添加退场效果

选择第 3 章幻灯片的"大树"图片，单击"动画"菜单项，在"添加动画"下拉列表中的"动画"组中单击"更多退出效果"命令，如上图所示。在弹出的对话框中，选择要使用的退出效果，如"基本型"选项组中的"圆形扩展"命令，如图 3-167 所示。

图 3-166　添加"动画"效果

图 3-167　添加"退出"效果

3.　按"运动路径"行进

选择第 5 张幻灯片的文字标题，选择"添加动画"下拉列表中的"其他动作路径"项，打开"添加动作路径"对话框，选择"心形"，如图 3-168 所示。设置后的文本将按此路径播放，如图 3-169 所示。

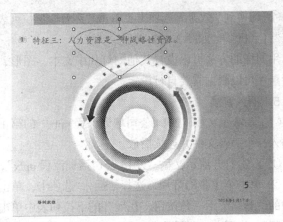

图 3-168 "添加动作路径"　　　　　图 3-169 设置路径后的幻灯片

4. 控制动画的播放速度及声音

① 选择第 5 章幻灯片中的图片，选择"高级动画"组中的【动画窗格】按钮，如图 3-170 所示。

② 打开"动画窗格"窗格，单击所选对象动画右侧的下三角按钮，在展开的下拉列表中单击"效果选项"，如图 3-171 所示。

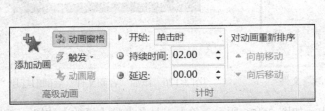

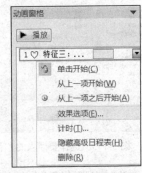

图 3-170 打开"动画窗格"　　　　　图 3-171 选择"效果选项"

③ 此时弹出以动画命名的对话框。切换到"计时"选项卡，单击"期间"下拉列表，选择要设置的播放速度（如快速（1 秒）），单击【确定】按钮，如图 3-172 所示。

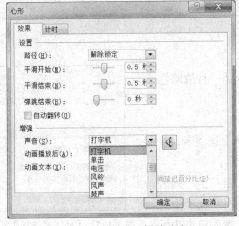

图 3-172 设置动画播放速度　　　　　图 3-173 设置动画声音效果

④ 切换到"效果"选项卡，单击"声音"下拉列表框右侧的黑三角，可以选择要使用的声音（如"打字机"），如图 3-172 所示。

用同样的方法可以设置其他幻灯片中文本、图形、图片和艺术字的动画效果，动画的类型和先后顺序可以根据需要自行设定。

5. 插入音频

（1）在演示文稿"2014 公司培训课程.pptx"的第 1 张幻灯片中插入一个声音文件并连续播放。

① 双击打开演示文稿"2014 公司培训课程.pptx"。

② 单击第 1 张幻灯片，选择"插入"选项卡，单击"媒体"组中的"音频"下三角按钮，在展开的下拉列表中单击"文件中的音频"，如图 3-174 所示。

图 3-174　选择"音频"命令

③ 在弹出的"插入音频"对话框中，找到并选择要插入的声音文件，单击【确定】按钮，如图 3-175 所示。

图 3-175　选择要插入的"音频"文件

图 3-176　添加"音频文件"后的幻灯片

（2）此时音频被插入幻灯片中，如图 3-176 所示。单击工具条上的【播放】按钮，可以预听音频的播放效果。

　　在幻灯片中插入"视频"的方法和插入音频类似，即选择【插入】/【媒体】组中的"视频"命令即可，这里不再详细说明。

6. 建立超级链接与交互动作

（1）建立超级链接。

将第 5 张幻灯片中的文本"特征三：人力资源是一种战略性资源"设置超级链接，链接到第 7 张幻灯片。

① 选择第 5 张幻灯片。

② 在幻灯片文本区中选中文本，切换到"插入"选项卡，单击"链接"组中的【超链接】按钮，如图 3-177 所示。

③ 在弹出的"编辑超链接"对话框中，选择"链接到"列表框中"本文档中的位置"，在"请选择文档中的位置："选项中选择"7.模块一：人力资源规划"，如图 3-178 所示，然后单击【确

图 3-177　【插入超链接】按钮

定】按钮。

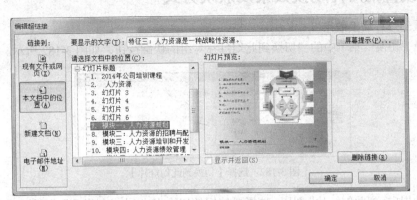

图 3-178　"编辑超链接"对话框

④ 建立超链接后的文字颜色改变了,并添加了下划线,放映时鼠标指针移到上面会变成手形,单击鼠标即可跳转到指定的幻灯片。

（2）为内容添加动作。

① 选中第 3 张幻灯片中的"大树"图片。

② 切换到"插入"选项卡,单击"链接"组中的【动作】按钮,如图 3-179 所示。

图 3-179　【动作】按钮

③ 弹出的"动作设置"对话框,在"单击鼠标"选项卡上单击选中【超链接到】按钮,再单击该下拉列表框右侧的黑三角,在展开的下拉列表中单击要执行的动作,如图 3-180 所示。

④ 设置动作后,勾选对话框下方的"播放声音"复选框,再单击其下拉列表框右侧的黑三角,在展开的下拉列表中单击要使用的声音,如图 3-181 所示,单击【确定】按钮即可。

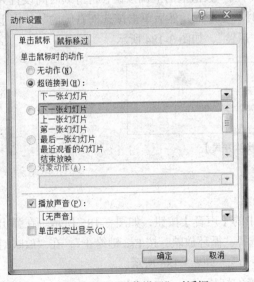

图 3-180　"动作设置"对话框

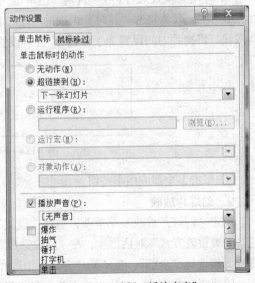

图 3-181　选择"播放声音"

⑤ 完成上述操作后,在播放幻灯片时,单击该对象即换到下一张幻灯片并播放声音。

6.6 设置幻灯片切换效果及放映方式

1. 设置幻灯片切换效果

① 选择"切换"菜单中的"切换到此幻灯片"组的快翻按钮，如图 3-182 所示。

图 3-182 选择【切换到此幻灯片】

② 打开"切换到此幻灯片"图库，选择要使用的切换方式（如"细微型"选项组中的"闪光"），如图 3-183 所示。

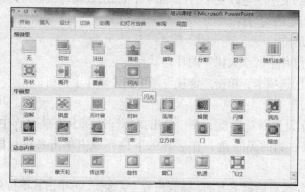

图 3-183 【幻灯片切换】图库

③ 应用切换效果后，在"计时"组单击"持续时间"数值框的上调按钮，将持续时间设置为"01.50"秒，取消勾选"计时"组中的"单击鼠标时"复选框，然后单击该选框右侧的数值框上调按钮，将换片时间设置为 2 秒。"声音"设置为"风铃"，如图 3-184 所示。

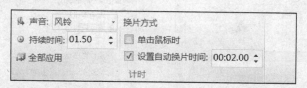

图 3-184 设置【换片方式】

④ 单击【全部应用】按钮。

2. 幻灯片放映

单击"幻灯片放映"菜单项，选择"设置"组中的【声音】按钮，如图 3-185 所示。在弹出的"设置放映方式"对话框中，在"放映选项"组选择"循环放映，按 Esc 键终止"；在"放映幻灯片"组选择"全部"；在"换片方式"中选择"手动"，如图 3-186 所示。

演讲者放映方式：在该方式下要一张一张地切换幻灯片。

自动放映方式：预先设定切换每张幻灯片的时间间隔（请参考幻灯片的切换效果）。

在展览会或其他场合可将演示文稿设置成循环放映方式。

图 3-185　选择【设置幻灯片放映】

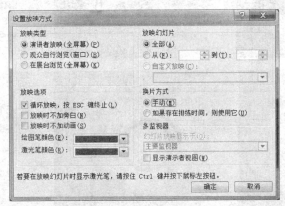

图 3-186　设置放映方式

3. 使用排练计时功能

① 选择【幻灯片放映】/【设置】/【排练计时】按钮，此时开始排练计时，幻灯片处于全屏显示状态。在左上角显示"录制"对话框，记录本张幻灯片的放映时间。录制完成后，单击【下一项】按钮，如图 3-187 所示。

② 完成后，显示幻灯片放映所需时间的对话框，单击【是】保留排练时间，如图 3-188 所示。

图 3-187　【录制】对话框

图 3-188　幻灯片排练计时

③ 重复以上步骤，对文稿中的所有幻灯片进行及时排练，在每张幻灯片下面可以看到排练计时所用的时间，如图 3-189 所示。

图 3-189　设置计时排练后的幻灯片

设置完成后的演示文稿如图 3-190 所示。

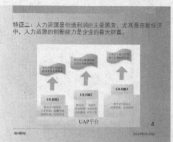 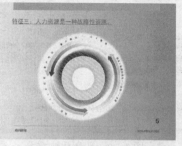 

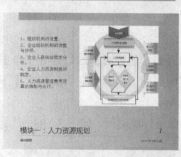 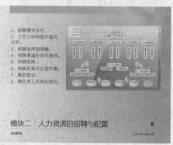 

图 3-190　制作完成的演示文稿

【实验内容】

制作宣传学校的演示文稿，具体要求如下：

1. 添加演示文稿第一页（封面）的内容。具体要求：

① 添加标题为"长春工程学院"，文字分散对齐、宋体、48 磅、加粗、加阴影效果。

② 添加副标题"制作日期"，文字居中、宋体、32 磅、加粗。

③ 插入相应的网址，并超级链接到长春工程学院主页 http://www.ccit.edu.cn。

④ 插入学校校徽。

2. 添加演示文稿第二页（学校简介）的内容。

3. 添加演示文稿第三页（部分院系设置）的内容。具体要求：

① 为每个院系设置项目符号，颜色为"红色"。

② 为每个院系设置超级链接，链接到对应的院系详细介绍的页面。

③ 插入校园风景图片。

4. 添加演示文稿，介绍各个院系的详细内容，每一页都要插入返回第三页的动作设置。

5. 设置背景为"渐变"填充，颜色选择"孔雀开屏"。

6. 设置幻灯片的切换方式。

7. 设置各幻灯片内容的动画效果。

8.　为幻灯片添加音乐。

9.　插入页眉页脚。

10.　为幻灯片放映添加排练计时。

测试题

一．选择题

1. Word 的最大的特点是（　　　）。

　　A. 有丰富的字体　　B. 所见即所得　　C. 强大的制表功能　D. 图文混排

2. Word 文本编辑中，文字的输入方式有插入和改写两种方式，要将插入方式转换为改写方式，可按（　　　）。

　　A. Ctrl 键　　　　　B. Delete 键　　　C. Insert 键　　　D. Shift 键

3. 在 Word 的智能剪贴状态，执行两次"复制"操作后，则剪贴板中（　　　）。

　　A. 仅有第一次被复制的内容　　　　　B. 仅有第二次被复制的内容

　　C. 同时有两次被复制的内容　　　　　D. 无内容

4. 在 Word 文档编辑、复制文本使用的快捷键是（　　　）。

　　A. Ctrl+C　　　　　B. Ctrl+A　　　　C. Ctrl+Z　　　　D. Ctrl+V

5. 在 Word 的编辑状态，执行"编辑"菜单中的"粘贴"命令后（　　　）。

　　A. 被选择的内容移到插入点　　　　　B. 被选择的内容移到剪贴板

　　C. 剪贴板中的内容移到插入点　　　　D. 剪贴板中的内容复制到插入点

6. Excel2010 中工作簿存盘时，默认扩展名为（　　　）。

　　A. .doc　　　　　　B. .txt　　　　　　C. .ppt　　　　　　D. .xlsx

7. Word 文本编辑中，（　　　）实际上应该在文档的编辑、排版和打印等操作之前进行，因为它对许多操作都将产生影响。

　　A. 页码设定　　　　B. 打印预览　　　C. 字体设置　　　D. 页面设置

8. 在 Word 的编辑状态，打开文档 abc.doc，编辑修改后另存为 123.docx，则（　　　）。

　　A. abc.doc 是当前文档　　　　　　　B. 两个均是当前文档

　　C. 123.doc 是当前文档　　　　　　　D. 两个均不是当前文档

9. 在 Word 文档中有一段被选取，当按 Delete 键后（　　　）。

　　A. 删除此段落　　　　　　　　　　　B. 删除了整个文件

　　C. 删除了之后的所有内容　　　　　　D. 删除了插入点以及其之间的所有内容

10. 在 Word 中，单击一次工具栏的"撤销"按钮，可以（　　　）。

　　A. 将上一个输入的字符清除　　　　　B. 将最近一次执行的可撤销操作撤销

　　C. 关闭当前打开的文档　　　　　　　D. 关闭当前打开的窗口

二、填空题

1. 复制字符格式最快捷的方法是使用常用工具栏上的（　　　）。

2. Word 中长文档的最佳显示方式是（　　　）视图显示方式。

3. 用户在编辑、查看或者打印已有的文档时，首先应当（　　　）已有文档。

4. 在 Word 文档编辑中，要完成修改、移动、复制、删除等操作，必须先（　　　）要编辑的区域，使该区域反向显示。

5. 在 Word 主窗口的右上角，可以同时显示的按钮是最小化、还原和（　　　　）。

6. 在 Word 中，编辑文本文件时用于保存文件的快捷键是（　　　　）。

7. 在 Word 中，文档窗口中的（　　　　）呈现为闪烁的形状。

8. 在 Word 中，选定一个矩形区域的操作是将光标移动到待选择的文本的左上角，然后按住（　　　　）键和鼠标左键拖动到文本块的右下角。

9. 在 Word 中一次可以打开多个文档，多份文档同时打开在屏幕上，当前插入点所在的窗口称为（　　　　）窗口，处理中的文档称为活动文档。

10. 在 Word 中，在输入文本时，按下 Enter 键后将产生（　　　　）符。

三、判断题

1. Word 对插入的图片，不能进行放大或缩小的操作。（　　　　）

2. Word 对新创建的文档既能执行"另存为"命令，又能执行"保存"命令。（　　　　）

3. Word 是一个字表处理软件，文档中不能有图片。（　　　　）

4. Word 文件中不可能隐藏病毒。（　　　　）

5. 对于其他字处理软件（如 WPS、CCED 等）编辑的文档，Word 将拒绝打开处理。（　　　　）

6. 在 Word 中没有提供针对选定文本的字符调整功能。（　　　　）

7. 在 Word 中创建一个新文档，将自动命名为"文档1"、"文档2"…。（　　　　）

8. 在 Word 中，页面视图模式可以显示水平标尺。（　　　　）

9. 在 Word 中，页面视图适合于用户编辑页眉、页脚、调整页边距，以及对分栏，图形和边框进行操作。（　　　　）

第4章
Access 数据库

实验一 建立 Access 数据表

【实验目的】

1. 掌握 Access 的启动方法及 Access 数据库的基本组成。
2. 熟练掌握数据表建立、数据表维护、数据表的操作。
3. 熟练掌握在数据表之间建立关系的方法。

【上机指导】

1.1 创建、打开和关闭数据库

1. 创建数据库

建立"教学管理.accdb"数据库，并将建好的数据库文件保存到"D:\ACCESS"文件夹中。

（1）选择【开始】→【程序】→【Microsoft Office】→【Microsoft Office Access 2010】命令，打开 Microsoft Access 2010 数据库。

（2）在 Access 2010 启动窗口中，单击"空数据库"，在右侧窗格的文件名文本框中，默认的文件名为"Database1.accdb"，将其修改为"教学管理.accdb"，如图 4-1 所示。

图 4-1 Access 2010 数据库

（3）单击 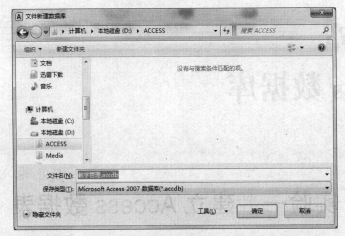 按钮，打开"新建数据库"对话框，选择数据库的保存位置"D:\ACCESS"，单击【确定】按钮，如图 4-2 所示，这时返回到 Access 启动界面。

图 4-2　"文件新建数据库"对话框

（4）在右侧窗格下面，单击【创建】命令按钮，则创建一个空白数据库，且自动创建了名为表 1 的数据表，并以数据表视图方式打开，如图 4-3 所示。这时就可以输入数据了。

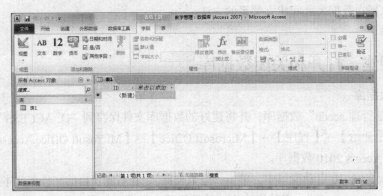

图 4-3　"表 1"的数据表视图

2.　关闭数据库

关闭打开的"教学管理.accdb"数据库。

单击数据库窗口右上角的【关闭】按钮，或在 Access 2010 主窗口选【文件】/【关闭】菜单命令。

3.　打开数据库

打开"教学管理.accdb"数据库。

（1）选择"文件"→"打开"，弹出"打开"对话框。

（2）在"打开"对话框的"查找范围"中选择"E:\ACCESS"文件夹，在文件列表中选"教学管理.accdb"，单击【打开】按钮。

1.2　建立表结构

1.　利用"设计视图"创建表

利用"设计视图"创建"教师基本信息"表和"教师授课信息"表。

（1）建立数据表。

① 打开"教学管理.accdb"数据库，在功能区上选择【创建】/【表格】组，单击【表设计】按钮，如图 4-4 所示，则打开数据表"表一"的"设计视图"窗口，如图 4-5 所示。

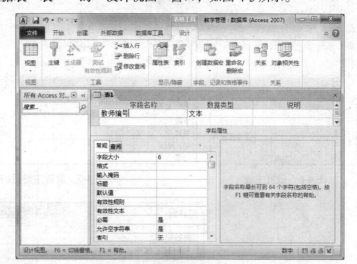

图 4-4　创建表　　　　　　　　　　图 4-5　"设计视图"窗口

② 在"字段名称"列输入字段名称；在"数据类型"列中选择相应的数据类型；在"常规属性"窗格中设置字段大小。以字段"教师编号"为例：在"字段名称"栏的第一行输入"教师编号"，单击"数据类型"框，该框右边出现下拉箭头 ▼，单击 ▼，在弹出的下拉列表框中选择"文本"。在"字段属性/常规"的"字段大小"属性右边的文本框中输入"6"；"必需"属性选择"是"，第一个字段设置完成。

③ 从第 2 行开始依次输入其他字段，具体内容见表 4-1。

表 4-1　　　　　　　　　　　　"教师基本信息"表结构

字段名称	数据类型	字段大小	格式	必需
教师编号	文本	6		是
姓名	文本	10		是
性别	文本	1		否
工作时间	日期/时间		短日期	否
职称	文本	6		否
联系电话	文本	11		否

（2）设置主键。将"教师基本信息"表中的"教师编号"字段设置为主键。

① 单击"教师编号"字段，选择【表格工具】/【设计】/【工具】组（见图 4-6），单击主键按钮 ▼，将此字段设置为主键，设置主键后的"设计视图"如图 4-7 所示。

② 如需将多个字段设置为主键，可以按住 Ctrl 键，然后分别选中需要设置主键的字段，单击主键按钮 ▼ 即可。

（3）保存数据表。单击"快速访问工具栏"中的"保存"按钮 ▉，或者选择【文件】/【保存】命令，打开"另存为"对话框，如图 4-8 所示。在"表名称"文本框中输入"教师基本信息"，单击【确定】按钮。

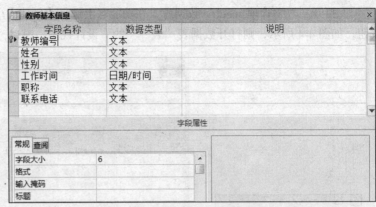

图 4-7　设置主键后的"设计视图"

图 4-6　设置主键

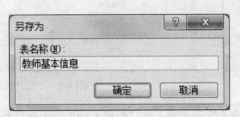

图 4-8　"另存为"对话框

（4）用同样的方法创建"教师授课信息"表，表结构见表 4-2，主键为"教师编号"和"课程编号"。

表 4-2　　　　　　　　　　　　　　　　"教师授课信息"表结构

字段名称	数据类型	字段大小	必需
教师编号	文本	6	是
课程编号	文本	6	是
授课时间	文本	10	否
授课地点	文本	10	否

2. 利用"数据表视图"创建表

利用"数据表视图"创建"学生基本信息"表。

（1）创建数据表。

① 选择【创建】/【表格】组，单击【表】按钮，这时将创建名为"表 1"的新表，并打开"表 1"的"数据表视图"，如图 4-9 所示。

② 选中 ID 字段，选择【表格工具】/【字段】/【属性】组（见图 4-10），单击【名称和标题】按钮，打开"输入字段属性"对话框，在"名称"后的文本框中，输入"学生编号"，如图 4-11 所示。

③ 选中"学生编号"字段列，选择【表格工具】/【字段】/【格式】组（见图 4-12），单击数据类型右侧的下拉箭头，在弹出的下拉列表中选择"文本"，如图 4-13 所示。

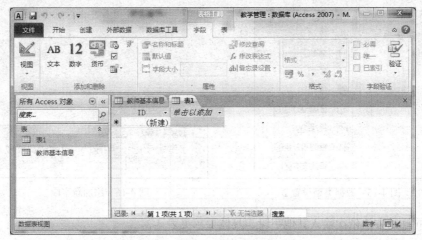

图 4-9　"表 1"的"数据表视图"

图 4-10　"字段/属性"组

图 4-11　"输入字段属性"对话框

图 4-12　"字段/格式"组

图 4-13　数据类型设置 1

④ 选择【表格工具】/【字段】/【属性】组（见图 4-14），在"字段大小"右侧的文本框中输入 8。

图 4-14　字段大小设置

⑤ 单击"单击以添加"，弹出下拉菜单，如图 4-15 所示。在下拉菜单中选择"文本"，这时 Access 自动为新字段命名为"字段 1"，如图 4-16 所示。重复② 、④ 的操作，把"字段 1"改为"姓名"，字段大小改为 10。

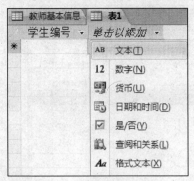

图 4-15　数据类型设置 2　　　　　　　　　　图 4-16　添加新字段

⑥ 用同样的方法依次输入其他字段，具体要求见表 4-3。

表 4-3　　　　　　　　　　　　　　　"学生基本信息"表结构

字段名称	数据类型	字段大小	格式	必需
学生编号	文本	8		是
姓名	文本	10		是
性别	文本	1		否
出生日期	日期/时间		短日期	否
党员否	是/否		是/否	否
入学成绩	数字	整型		否
简历	备注			否

① 字段"学生编号"的"必需"属性设置成"是"的方法：选中"学生编号"字段，选择【字段】/【字段验证】组，选中"必需"前面的复选框，如图 4-17 所示。

② 字段"出生日期"设置成"短日期"的方法：选中"出生日期"字段，选择【字段】/【格式】组，单击"格式"右侧的下拉箭头，在弹出的下拉列表中选择"短日期"，如图 4-18 所示。

③ 如果需要修改数据类型，以及对字段的属性进行其他设置，最好的方法是在表的"设计视图"中进行。切换视图的方法为：选择【字段】/【视图】组，单击【视图】按钮，在弹出的下拉列表中选择"设计视图"命令。

说明

图 4-17　"格式/字段验证"组　　　　图 4-18　设置短日期格式

（2）设置主键。

通过"数据表视图"方式创建数据表时，自动创建的"ID"字段（本例改成了"学生编号"）

已经直接设置成了主键，所以不需要再设置主键。若需重新设置，则选中需要设置主键的字段，选择【表格工具】/【字段】/【字段验证】组，选中"唯一"前面的复选框即可。

（3）保存数据表。

在"快速访问工具栏"中，单击保存 按钮。输入表名"学生基本信息"，单击【确定】按钮。

3. 通过"导入"来创建表

将"课程基本信息.xlsx"和"学生选课成绩.xlsx"导入到"教学管理.accdb"数据库中。然后按表 4-4、表 4-5 所示的表结构数据进行修改。

表 4-4　　　　　　　　　　　　　　　　"课程基本信息"表结构

字段名称	数据类型	字段大小	必需
课程编号	文本	6	是
课程名称	文本	10	是
课程性质	文本	2	否
考核方式	文本	2	否
学时	数字	整型	否
学分	数字	单精度型	否

设置"课程编号"为主键。

表 4-5　　　　　　　　　　　　　　　　"学生选课成绩"表结构

字段名称	数据类型	字段大小	必需
学生编号	文本	8	是
课程编号	文本	6	是
平时成绩	数字	整型	否
期末成绩	数字	整型	否

设置"学生编号"和"课程编号"为主键。

注意　　　　　　　　导入时不选择主键，导入后在设计视图中设置主键。

（1）打开"教学管理"数据库，选择【外部数据】/【导入并链接】组，单击"Excel"按钮，如图 4-19 所示。

图 4-19　"导入并链接"组

（2）打开"获取外部数据"对话框，单击【浏览】按钮，找到"课程基本信息.xlsx"所在位置并选中、打开，返回到"获取外部数据"对话框中，单击【确定】按钮，如图 4-20 所示。

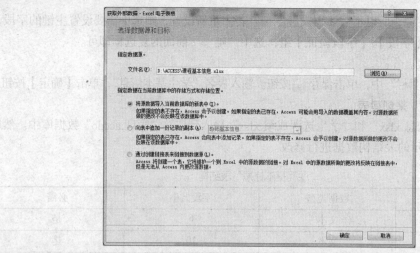

图 4-20 "获取外部数据"窗口-选择数据源和目标

（3）在打开的"导入数据表向导"对话框中，直接单击【下一步】按钮，如图 4-21 所示。打开"设置列标题"对话框，选中"第一行包含列标题"复选框，然后单击【下一步】按钮，如图4-22 所示。

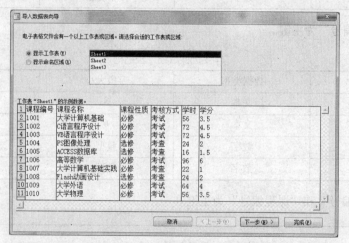

图 4-21 "导入数据表向导"对话框

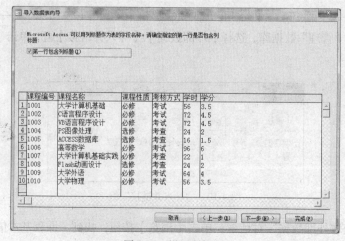

图 4-22 设置列标题

（4）在打开的对话框中选中"课程编号"，设置"课程编号"的数据类型为"文本"，索引项为"有（无重复）"，如图 4-23 所示。然后依次选择其他字段，设置"学时"的数据类型为"整型"；"学分"的数据类型为"单精度"，其他默认。单击【下一步】按钮。

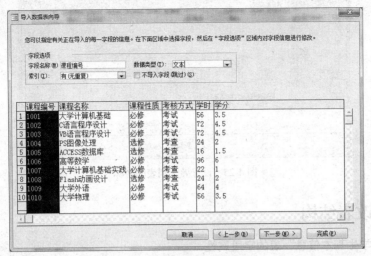

图 4-23　设置各字段属性

（5）在打开的定义主键对话框中，选中"我自己选择主键"，Access 自动选定"课程编号"，然后单击【下一步】按钮，如图 4-24 所示。打开"导入数据表向导"对话框，在"导入到表"文本框中，输入"课程基本信息"，单击【完成】按钮，如图 4-25 所示。到此完成使用导入方法创建表。

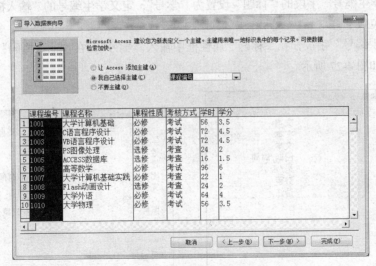

图 4-24　设置主键

（6）进入"设计视图"，按照表 4-4 修改"课程基本信息"表的"字段属性"。

（7）用同样的方法，将"学生选课成绩"导入到"教学管理.accdb"数据库中，并进入"设计视图"，按照表 4-5 的内容修改其"字段属性"。

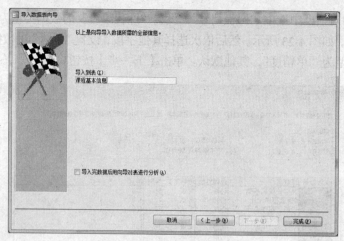

图 4-25　设置导入到表的名称

1.3　修改表结构

1. 修改"学生基本信息"表的字段属性

（1）删除"简历"字段。右键单击"学生基本信息"表，在弹出的快捷菜单中选择"设计视图"，进入"学生基本信息"表的设计视图，右键单击"简历"字段，在弹出的快捷菜单中选择"删除行"命令即可，如图 4-26 所示。

（2）添加"照片"字段。将光标移动到最后一行，输入字段名称"照片"，选择数据类型为"OLE对象"。

（3）将"学生编号"字段的"标题"设置为"学号"，定义学生编号的"输入掩码"属性，要求只能输入 8 位数字。

选中"学生编号"字段，在"标题"属性框中输入"学号"，在"输入掩码"属性框中输入"00000000"，如图 4-27 所示。

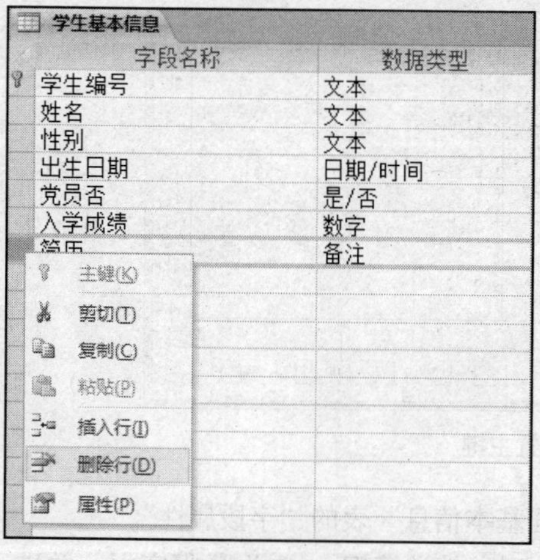

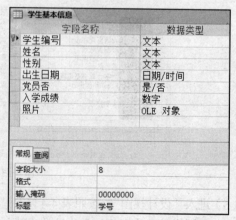

图 4-26　删除字段

图 4-27　设置"标题"、"掩码"属性

（4）将"性别"字段设置有效性规则为"男"或"女"，若输入其他字符弹出提示信息：性别字段中应该输入"男"或"女"，不能输入其他字符！设置默认值为"男"。

① 选择"性别"字段，单击"有效性规则"属性右侧的按钮 ⌷⌷，弹出"表达式生成器"，在输入框中输入"男 Or 女"，如图 4-28 所示。

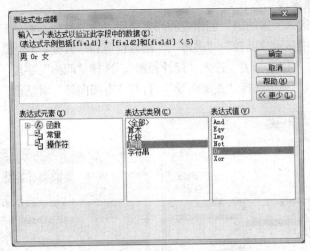

图 4-28 设置"性别"字段的"有效性规则"

② 单击【确定】按钮回到属性窗口，"有效性规则"属性中显示了刚刚设置的内容，如图 4-29 所示。

③ 在"有效性文本"属性框中输入：性别字段中应该输入"男"或"女"，不能输入其他字符！如图 4-29 所示。

④ 在"默认值"属性框中输入"男"。

⑤ 单击快速工具栏上的【保存】按钮，保存刚刚所做的修改。

此后为"学生"表添加记录时，如果"性别"字段中输入"男"和"女"以外的数据，会出现如图 4-30 所示的对话框，提示"性别字段中应该输入"男"或"女"，不能输入其他字符！"，单击【确定】按钮，重新输入即可。

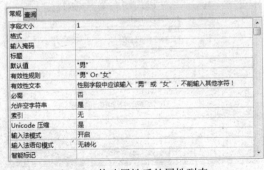

图 4-29 修改属性后的属性列表

图 4-30 提示输入错误对话框

2. 修改"课程基本信息"表的字段属性

设置"学时"字段默认值为 64，取值范围为 10～100，如超出范围则提示"请输入 10～100 之间的数据！"。

① 打开"课程基本信息"表，进入"设计视图"，选择"学时"字段，单击"有效性规则"属性右侧的按钮 ⌷⌷，弹出"表达式生成器"，在输入框中输入">=10 And <=100"，单击【确定】按钮，如图 4-31 所示。

② 在"有效性文本"属性框中输入"请输入 10～100 之间的数据!"。

③ 单击快速工具栏上的【保存】按钮。

3. 创建查阅列表字段

（1）使用"自行键入所需的值"创建查阅列表字段。为"教师基本信息"表中"职称"字段创建查阅列表，列表中显示"助教"、"讲师"、"副教授"和"教授"4 个值。

① 打开"教师基本信息"表，进入"设计视图"，选择"职称"字段。

② 在"数据类型"列中选择"查阅向导"，打开"查阅向导"对话框，如图 4-32 所示。

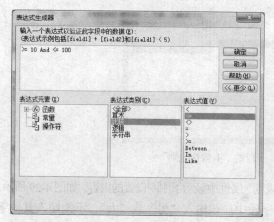

图 4-31　设置"学时"字段的"有效性规则"

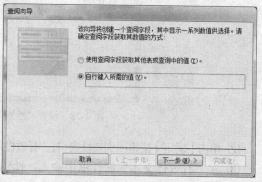

图 4-32　"查阅向导"对话框

③ 在该对话框中，选中"自行键入所需的值"选项，然后单击【下一步】按钮，在打开的对话框中，"第 1 列"下面依次输入"助教"、"讲师"、"副教授"和"教授"4 个值，如图 4-33 所示。

④ 单击【下一步】按钮，弹出"查阅向导"最后一个对话框。在该对话框中的"请为查阅字段指定标签"文本框中输入名称，本例使用默认值。单击【完成】按钮，如图 4-34 所示。

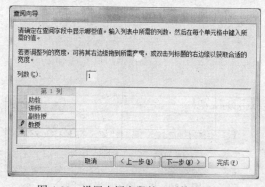

图 4-33　设置查阅字段的"列数"和"值"

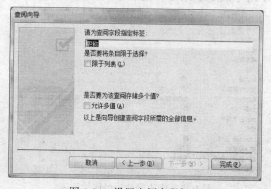

图 4-34　设置查阅字段标签

在数据表视图输入数据时，"职称"字段会显示下拉列表，如图 4-35 所示，只需要直接选择所需内容即可。

（2）使用"查阅列表查阅表或查询中的值"创建查阅列表字段。为"学生选课成绩"表中"课程编号"字段创建查阅列表，即该字段组合框的下拉列表中仅出现"课程表"中已有的课程信息。

① 打开"学生选课成绩"表，进入设计视图，选择"课程编号"字

图 4-35　"职称"字段
下拉列表

段，在"数据类型"列的下拉列表中选择"查阅字段向导"，打开"查阅向导"对话框，选中"使用查阅字段获取其他表或查询中的值"单选按钮，如图 4-36 所示。

② 单击【下一步】按钮，在"请选择为查阅字段提供数值的表或查询"对话框中，选择"表：课程基本信息"，如图 4-37 所示。

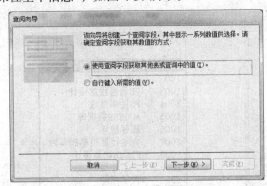

图 4-36　选择查阅字段创建方式　　　图 4-37　选择查阅字段数据源

③ 单击【下一步】按钮，双击可用字段列表中的"课程编号"、"课程名称"，将其添加到选定字段列表框中，如图 4-38 所示。

④ 单击【下一步】按钮，在"请确定要为列表框中的项使用的排序次序"对话框中，确定列表使用的排序次序，如图 4-39 所示。

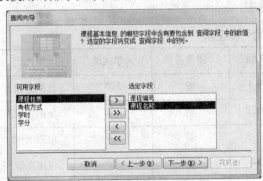
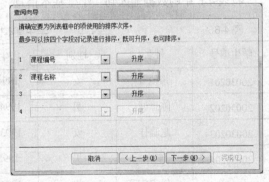

图 4-38　选择可用字段　　　　　　　图 4-39　设置字段排序

⑤ 单击【下一步】按钮，在"请指定查阅字段中列的宽度"对话框中，取消"隐藏键列"复选框，如图 4-40 所示。

⑥ 单击【下一步】按钮，可用字段中选择"课程编号"作为唯一标识行的字段，如图 4-41 所示。

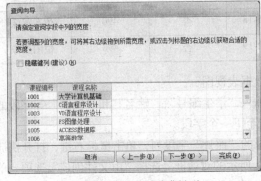
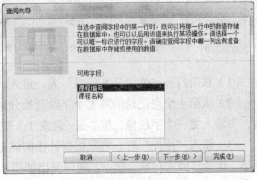

图 4-40　取消隐藏键列　　　　　　　图 4-41　设置唯一标识行

⑦ 单击【下一步】按钮，为查阅字段指定标签默认值为"课程编号"，单击【完成】按钮，如图 4-42 所示。

⑧ 在数据表视图输入数据时，"课程编号"字段会显示下拉列表，如图 4-43 所示，只需要直接选择所需内容即可。

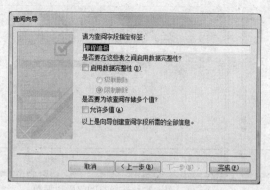

图 4-42 为查阅字段指定标签

图 4-43 "课程编号"字段下拉列表

1.4 向表中输入数据

1. 使用"数据表视图"输入数据

将表 4-6 中的数据输入到"学生基本信息"表中。

表 4-6 "学生基本信息"表数据

学生编号	姓名	性别	出生日期	团员否	入学成绩	照片
20030201	张佳雪	女	1994-9-3	否	520	位图图像
20030202	陈思诚	男	1994-7-25	是	500	位图图像
20030203	赵晓佳	女	1993-12-3	否	509	位图图像
20030204	李飞	男	1995-1-1	是	510	位图图像
20030205	任宏伟	男	1994-6-10	是	490	位图图像
20030206	江晓贺	男	1994-9-10	否	493	位图图像
20030207	于立国	男	1993-10-15	是	501	位图图像
20030208	吴东	男	1994-3-21	是	514	位图图像
20030209	张赛	女	1994-5-18	否	490	位图图像
20030210	蒋小菲	女	1995-2-19	否	498	位图图像

（1）双击打开"学生基本信息"表，进入"数据表视图"。

（2）从第 1 个空记录的第 1 个字段开始分别输入"学生编号"、"姓名"和"性别"等字段的值，每输入完一个字段值，按 Enter 键或 Tab 键转至下一个字段。

（3）输入"照片"时，将鼠标指针指向该记录的"照片"字段列，单击鼠标右键，打开快捷菜单，选择"插入对象"命令，随即弹出如图 4-44 所示的对话框。选择"由文件创建"选项，单击【浏览】按钮选择照片，最后单击【确定】按钮即可（插入的图片为位图文件）。

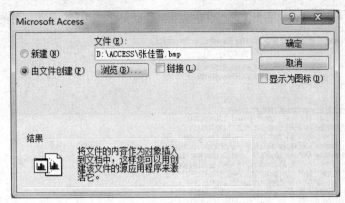

图 4-44　"插入对象"对话框

（4）输入完一条记录后，按 Enter 键或 Tab 键转至下一条记录，继续输入下一条记录。

（5）输入完全部记录后，单击快速工具栏上的【保存】按钮，保存表中的数据。

2．获取外部数据

（1）将文本文件"教师基本信息.txt"中的数据导入"教师基本信息"表中。

① 选择【外部数据】/【导入并链接】组，单击【文本文件】按钮，打开"获取外部数据-文本文件"对话框，单击【浏览】按钮，找到并选择文件"教师基本信息.txt"，选中"向表中追加一份记录的副本"，右侧的下拉菜单中选择"教师基本信息"，如图 4-45 所示。

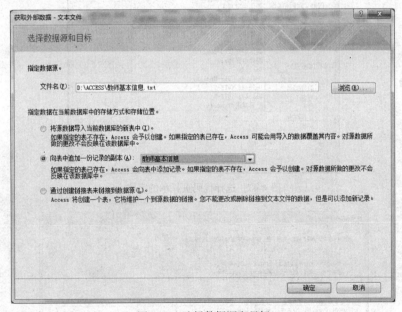

图 4-45　选择数据源和目标

② 单击【确定】按钮，打开"导入文本向导"对话框，该对话框列出了所要导入表的数据，但不是以中文的形式显示的，如图 4-46 所示。

③ 单击【高级(V)…】按钮，打开"教师基本信息导入规格"对话框。单击"代码页（C）"右侧的下拉箭头，弹出的下拉菜单，选择"简体中文（GB2312）"，如图 4-47 所示，然后单击【确定】按钮。回到"导入文本向导"对话框，此时以中文显示了要导入表的数据，如图 4-48 所示。

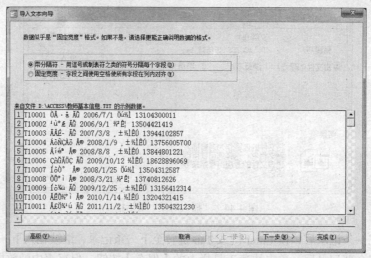

图 4-46　"导入文本向导"对话框

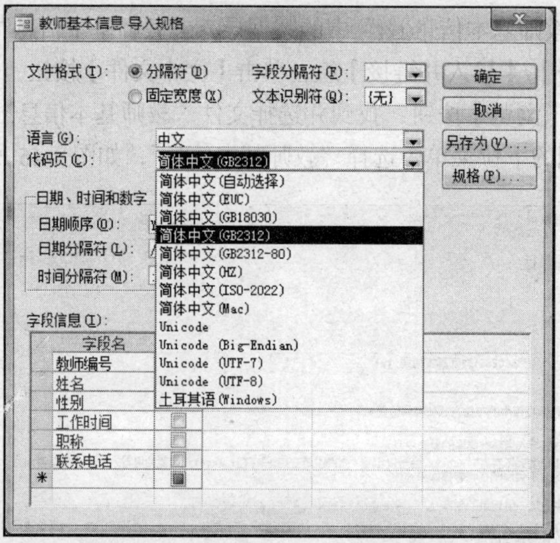

图 4-47　选择代码页显示的字体

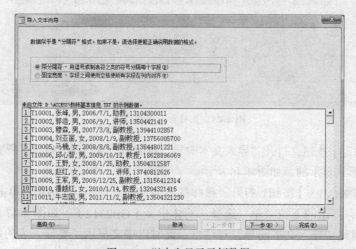

图 4-48　以中文显示示例数据

④ 单击【下一步】按钮，打开"选择字段分隔符"界面，因为"教师基本信息.txt"文件中的数据是以逗号来分隔的，所以在此选中"逗号"前面的单选按钮，取消"第一行包含字段名称"复选框，"文本识别符"选择"无"，如图 4-49 所示。

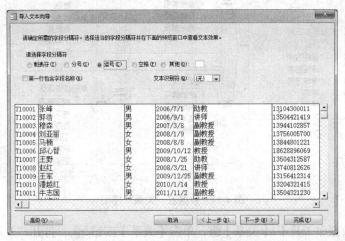

图 4-49　选择字段分隔符

⑤ 单击【下一步】按钮，打开"导入文本向导"的最后一个对话框，如图 4-50 所示。"导入到表（I）"标签下的文本框中显示"教师基本信息"，单击【完成】按钮，导入数据完毕。

图 4-50　显示要导入的表的名称

（2）将 Excel 文件"教师授课信息.xlsx"中的数据导入到"教学管理.accdb"数据库中的"教师授课信息"表中。

导入 Excel 文件的方法同导入文本文件的方法类似。正确选择数据源和目标后，在出现的其他对话框中不需要进行任何的设置，直接选择"下一步"，最后的对话框选择"完成"即可。

1.5　建立表间关系

1. 建立表间关系

创建"教学管理.accdb"数据库中各个数据表之间的关系，并实施参照完整性，关系样图如图 4-51 所示。

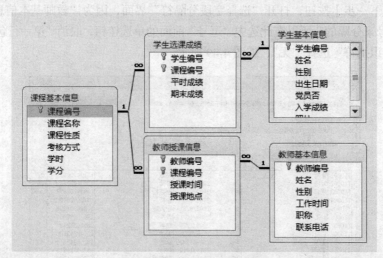

图 4-51　数据表"关系"样图

（1）选择【数据库工具】/【关系】组，单击【关系】按钮 ，打开"关系"窗口，同时弹出"显示表"对话框（若没出现，右键单击窗口的空白处，在弹出的快捷菜单中选择"显示表"命令），如图 4-52 所示。

（2）在"显示表"对话框中，选择所有的表添加到"关系"窗口中，关闭"显示表"对话框。按照图 4-51 的布局排列五个表的位置。

（3）选定"课程基本信息"表中的"课程编号"字段，然后按住鼠标左键并拖动到"学生选课成绩"表中的"课程编号"字段上，松开鼠标，弹出"编辑关系"对话框，如图 4-53 所示。在该对话框中，选中"实施参照完整性"复选框，然后单击【创建】按钮，"课程基本信息"表和"学生选课成绩"表之间的关系建立完毕。

图 4-52　"显示表"对话框

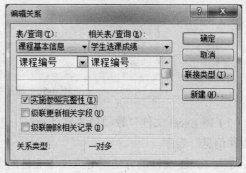

图 4-53　"编辑关系"对话框

（4）用同样的方法创建其他表之间的关系，并设置"实施参照完整性"，结果如样图 4-51 所示。

（5）单击【保存】按钮，保存表之间的关系，选择【设计】/【关系】组，单击【关闭】按钮，关闭"关系"窗口。

在创建表间关系之前，必须关闭所有已打开的数据表，否则不能创建关系。

2. 查看子数据表

（1）展开"学生基本信息"表的子数据表。双击打开"学生基本信息"表，单击第一个字段前面的"+"按钮⊞，展开与其相关的子数据表，如图 4-54 所示。

单击"-"按钮⊟，即可关闭子数据表。

图 4-54　建立关系后的"学生基本信息"表

（2）在"课程基本信息"表中插入子数据表"学生选课成绩"，并全部展开。

① 双击打开"课程基本信息"表，单击第一个字段前面的"+"按钮⊞，打开"插入子数据表"对话框，如图 4-55 所示，选择"学生选课成绩"，单击【确定】按钮，即可插入。

② 选择【开始】/【记录】组，如图 4-56 所示，单击"其他"右侧的下拉箭头，弹出下拉菜单，选择"子数据表"→"全部展开"，展开后的效果如图 4-57 所示。

图 4-55　"插入子数据表"对话框　　　　图 4-56　"开始/记录"组

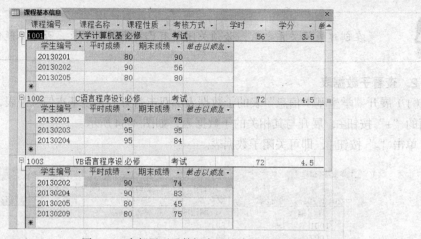

图 4-57　全部展开子数据表后的效果

1.6　数据表的其他操作

1. 复制表结构

将"课程基本信息"表生成一个结构和数据完全一样的新表"课程"。

（1）打开"教学管理.accdb"数据库，在导航窗格中，右键单击"课程基本信息"表，在快捷菜单中选择"复制"。

（2）右键单击导航窗格的空白处，在快捷菜单中选择"粘贴"，出现"粘贴表方式"对话框。

（3）在"表名称"文本框输入"课程"，"粘贴选项"选中"结构和数据"单选按钮，如图 4-58所示，然后单击【确定】按钮即可。

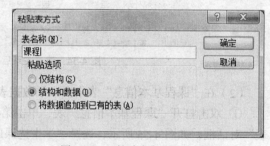

图 4-58　"粘贴表方式"对话框

说明

> 若只复制表结构，则步骤（3）中的"粘贴选项"选择"仅结构"。

2. 查找、替换数据

将"课程"表中"学时"字段值中的"72"全部改为"80"。

（1）双击打开"课程"表，将光标定位到"学时"字段任意一个单元格中。

（2）选择【开始】/【查找】组，单击"替换"按钮，打开"查找和替换"对话框，如图4-59 所示。

（3）按图 4-59 所示内容设置各个选项，然后单击【全部替换】按钮即可。

3. 数据排序和筛选

（1）单字段排序。在"课程"表中，按"课程性质"字段升序排序。

用"数据表视图"打开"课程"表，选择"课程性质"，选择【开始】/【排序和筛选】组，如图 4-60 所示。单击"升序"按钮，完成按"课程性质"的升序排序。

（2）多字段排序。在"课程"表中，先按"课程性质"字段升序排序，再按"学时"字段降序排序。

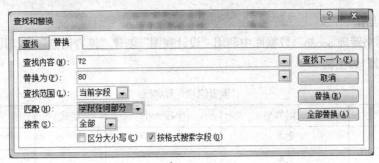

图 4-59 "查找和替换"对话框

① 选择【开始】/【排序和筛选】组，单击"高级"下拉列表，选择"高级筛选/排序"命令，打开"筛选"窗口，在设计网格中"字段"行第 1 列选择"课程性质"字段，排序方式选"升序"，第 2 列选择"学时"字段，排序方式选"降序"，如图 4-61 所示。

图 4-60 "排序和筛选"组

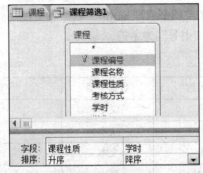

图 4-61 筛选窗口

② 选择【开始】/【排序和筛选】组中的"切换筛选"按钮 ▽ 切换筛选，可以观察排序结果。

（3）筛选记录。在"教师基本信息"表中筛选出职称为"副教授"的教师。

① 双击打开"教师基本信息"表，光标定位到所要筛选内容"副教授"的某个单元格且选中。

② 选择【开始】/【排序和筛选】组，单击"选择"按钮 ▽ 选择 ，在出现的下拉菜单中选择"等于'副教授'"命令，完成筛选，筛选结果如图 4-62 所示。

图 4-62 筛选结果

【实验作业】

利用 Access 2010 创建能进行图书管理的数据库，然后进行表的设计，具体要求如下。

1. 建立数据库

启动 Access 2010 数据库，建立空数据库"图书管理.accdb"，并保存到"D:\ACCESS"文件夹中。

2. 建立表结构

（1）在"图书管理.accdb"数据库中利用"设计视图"创建"读者信息"表，其结构见表 4-7。设置"借书证号"为主键。

表 4-7   "读者信息"表结构

字段名称	数据类型	字段大小	格式	必需
借书证号	文本	6		是
姓名	文本	8		是
性别	文本	1		否
部门	文本	10		否
E-mail	超链接			否
办证日期	日期/时间		中日期	否

（2）在"图书管理.accdb"数据库中使用"数据表视图"创建"图书信息"表，其结构见表 4-8。设置"书号"为主键。

表 4-8   "图书信息"表结构

字段名称	数据类型	字段大小	格式	必需
书号	文本	10		是
书名	文本	20		是
作者	文本	8		否
出版社	文本	20		否
价格	数字	单精度	货币	否
是否有破损	是/否		真/假	否
备注	备注			否

（3）将"借书登记.xlsx"导入"图书管理.accdb"数据库中，命名为"借书登记"表，其结构按表 4-9 进行修改。设置"借书证号"和"书号"为主键。

注意   导入时不选择主键，导入后在设计视图中设置主键。

表 4-9   "借书登记"表结构

字段名称	数据类型	字段大小	格式	必需
借书证号	文本	6		是
书号	文本	10		是
借书日期	日期/时间		中日期	否
还书时期	日期/时间		长日期	否

3. 修改表结构

（1）将所有"日期/时间"型字段的格式改为"短日期"。

（2）将"图书信息"表中的"书号"字段的"标题"属性设置为"图书编号"；"出版社"字

段的"默认值"属性设置为"电子工业出版社";"价格"字段的"有效性规则"设置为">=10 and <=100","有效性文本"设置为"请输入10～100之间的数据!"。

（3）将"读者信息"表中的"借书证号"字段的"输入掩码"属性设置为只能输入 6 位数字;"性别"字段的"有效性规则"设置为"男"or"女","有效性文本"设置为"只能输入'男'或'女',请重新输入!"。

（4）为"读者信息"表添加一个"照片"字段,数据类型为"OLE 对象"。

（5）为"读者信息"表中"部门"字段创建查阅列表,列表中显示"计算中心"、"理学院"、"水环学院"、"土木学院"和"外语学院"5 个值。

（6）删除"图书信息"表中的"备注"字段。

4. 向表中输入数据

（1）使用"数据表视图"将表 4-10 中的数据输入"读者信息"表中。

表 4-10   "读者信息"表记录

借书证号	姓名	性别	部门	E-mail	办证日期	照片
112001	张爽	女	计算中心	zhangs@126.com	2003-3-3	位图图像
112002	李高	男	理学院	ligao@126.com	2000-4-8	位图图像
112003	卫星	男	理学院	wx888@sohu.com	2008-10-12	位图图像
112004	李晓雯	女	计算中心	lxw0405@163.com	2005-12-20	位图图像
112005	刘晓泉	男	水环学院	lxq@sina.com	2003-7-1	位图图像
112006	张婷婷	女	水环学院	zangtt@sohu.com	2005-4-15	位图图像
112007	王宏亮	男	土木学院	whl@163.com	2001-5-6	位图图像
112008	李丽娜	女	计算中心	linang@sina.com	2008-1-1	位图图像
112010	张青松	男	外语学院	qingsongz@126.com	2004-5-12	位图图像
112011	于瑞丰	男	外语学院	fy@sohu.com	2005-8-9	位图图像

（2）将文本文件"图书信息.txt"中的数据导入已创建的"图书信息"表中。

（3）修改"读者信息"表中"借书证号"为"112005"的记录内容,修改后的内容见表 4-11。

表 4-11   修改记录

112005	刘晓泉	男	外语学院	lxq815@126.com	2010-7-20	位图图像

（4）在"图书信息"表中添加两条记录,见表 4-12,并删除"图书编号"为"B20102807"的记录。

表 4-12   增加记录

B20102808	Photoshop 图像处理	王晓利	清华大学出版社	￥40.00	No
B20102809	VB 程序设计实验指导	张莹	电子工业出版社	￥15.00	No

5. 建立表间关系

创建"图书管理.accdb"数据库中各表之间的关联,并实施参照完整性,关系样图如图 4-63 所示。

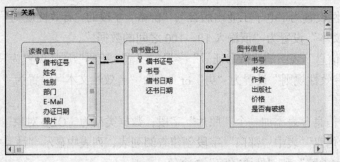

图 4-63 "图书管理"数据库表间关系样图

6. 数据表的其他操作

（1）由"读者信息"表生成一个结构和数据完全一样的新表，表名为"读者信息 1"。

（2）将"读者信息 1"表中"部门"字段值中的"水环学院"全部改为"外语学院"。

（3）对"读者信息 1"表按"姓名"升序排序，再按"部门"降序排序。

（4）在"读者信息 1"表中筛选出性别为"男"的读者。

实验二 建 立 查 询

【实验目的】

1. 熟悉 Access 中查询的基本概念。

2. 掌握常用查询的建立方法。

【上机指导】

2.1 利用"简单查询向导"建立查询

1. 单表查询

以"教师基本信息"表为数据源，查询教师的"姓名"和"联系电话"信息，所建查询命名为"教师联系方式"。

（1）打开"教学管理.accdb"数据库，选择【创建】/【查询】组（见图 4-64），单击【查询向导】按钮，弹出"新建查询"对话框，如图 4-65 所示。

图 4-64 "创建/查询"组

图 4-65 "新建查询"对话框

（2）选择"简单查询向导"，单击【确定】按钮，弹出如图 4-66 所示的对话框。

（3）在"表/查询"下拉列表框中选择数据源为"表：教师基本信息"，在"可用字段"列表框中双击"姓名"和"联系电话"字段，将它们添加到"选定的字段"列表框中，如图 4-66 所示。

（4）单击【下一步】按钮，系统弹出如图 4-67 所示的对话框，在"请为查询指定标题"处输入"教师联系方式"，最后单击【完成】按钮。此时显示查询结果。

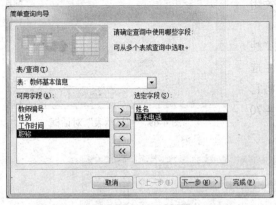
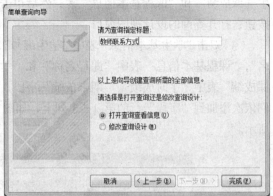

图 4-66　确定查询中使用哪些字段　　　　　图 4-67　为查询指定标题

2. 多表查询

查询教师所教课程的时间、地点，并显示"教师编号"、"姓名"、"课程名称"、"授课时间"和"授课地点"字段。

（1）选择【创建】/【查询】组，单击"查询向导"，弹出"新建查询"对话框，选择"简单查询向导"，单击【确定】按钮。

（2）在弹出的对话框的"表/查询"下拉列表中，先选择查询的数据源为"教师基本信息"表，并将"教师编号"、"姓名"字段添加到"选定字段"列表框中，再选择数据源为"课程基本信息"表，将"课程名称"添加到"选定字段"列表框中，最后选择"教师授课信息"表，将"授课时间"和"授课地点"字段添加到"选定字段"列表框中，选择结果如图 4-68 所示。

（3）单击【下一步】按钮，选"明细"选项。

（4）单击【下一步】按钮，为查询指定标题"教师授课时间地点"，单击【完成】按钮，弹出查询结果。

图 4-68　多表查询

注：本查询涉及"教师基本信息"、"课程基本信息"和"教师授课信息"3 个表，在建查询前要先建立好三个表之间的关系。

2.2　利用"设计视图"建立查询

1. 创建无条件的查询。

查询学生所选课程的成绩，并显示"学生编号"、"姓名"、"课程名称"、"平时成绩"和"期末成绩"字段。

（1）选择【创建】/【查询】组，单击【查询设计】按钮，弹出"显示表"对话框，如图4-69所示。

（2）在"显示表"对话框中选择"学生基本信息"表，单击【添加】按钮，再用同样的方法依次添加"学生选课成绩"和"课程基本信息"表，然后单击关闭按钮，打开查询的设计视图窗口。

（3）双击"学生基本信息"表中"学生编号"、"姓名"，"课程基本信息"表中"课程名称"和"学生选课成绩"表中"平时成绩"、"期末成绩"字段，将它们依次添加到"字段"行的第1～5列上，如图4-70所示。

图4-69 "显示表"对话框

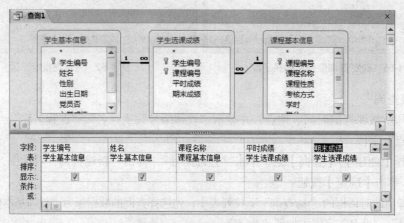

图4-70 查询设计视图窗口

（4）单击快速工具栏上的【保存】按钮，在"查询名称"文本框中输入"选课成绩查询"，单击【确定】按钮。

（5）选择【开始】/【视图】组，单击"视图/数据表视图"命令，或选择【查询工具】/【设计】/【结果】组，单击【运行】按钮，查看查询结果。

2. 创建带条件的查询

查找2003年1月1日之前参加工作的男教师信息，要求显示"教师编号"、"姓名"、"性别"和"职称"字段。

（1）选择【创建】/【查询】组，单击"查询设计"，在"显示表"对话框中添加"教师基本信息"到查询设计视图中。

（2）依次双击"教师编号"、"姓名"、"性别"、"工作时间"和"职称"字段，将它们添加到"字段"行的第1～5列中。

（3）单击"工作时间"字段"显示"行上的复选框，使其空白，因为查询结果中不显示"工作时间"字段值。

（4）在"性别"字段列的"条件"行中输入条件"男"，在"工作时间"字段列的"条件"行中输入条件"<#2003-1-1#"，设置结果如图4-71所示。

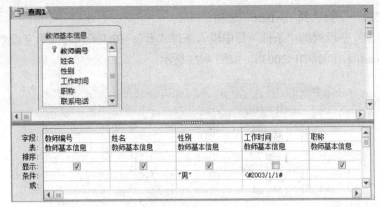

图 4-71 带条件的查询

（5）单击【保存】按钮，在"查询名称"文本框中输入"2003 年 1 月 1 日前工作的男教师"，单击【确定】按钮。

（6）单击【查询工具】/【设计】/【结果】组上的【运行】按钮，查看查询结果。

2.3 创建统计查询

1. 创建不带条件的统计查询

统计教师人数，显示"教师总数"字段。

（1）选择【创建】/【查询】组，单击"查询设计"，在"显示表"对话框中添加"教师基本信息"到查询设计视图中。

（2）双击"教师编号"字段，添加到"字段"行的第 1 列中。

（3）选择【查询工具】/【设计】/【显示/隐藏】组，单击"汇总"按钮Σ，插入一个"总计"行，单击"教师编号"字段的"总计"行右侧的下拉箭头，选择"计数"函数，如图 4-72 所示。

（4）选择【设计】/【结果】组，单击"视图"，在下拉列表中选择"SQL 视图"，进入 SQL 视图窗口，窗口中显示 SQL 语句：

```
SELECT Count(教师基本信息.教师编号)AS 教师编号之计数
FROM 教师基本信息；
```

将"教师编号之计数"改为"教师总数"。

（5）单击快速工具栏中的【保存】按钮，在"查询名称"文本框中输入"统计教师人数"。

（6）单击【设计】/【结果】组上的【运行】按钮，查看查询结果。

图 4-72 "汇总"函数

2. 创建带条件的统计查询

统计 2003 年前参加工作的男教师人数。

（1）选择【创建】/【查询】组，单击"查询设计"，在"显示表"对话框中添加"教师基本信息"到查询设计视图中。

（2）双击"教师编号"、"性别"和"工作时间"字段，将它们添加到"字段"行的第 1～3 列中。

（3）单击"性别"、"工作时间"字段"显示"行上的复选框，使其空白。

（4）选择【查询工具】/【设计】/【显示/隐藏】组，单击"汇总"按钮Σ，插入一个"总计"行，单击"教师编号"字段的"总计"行右侧的向下箭头，选择"计数"函数，"性别"和"工作时间"字段的"总计"行选择"where"选项。

（5）在"性别"字段列的"条件"行中输入条件"男"；在"工作时间"字段列的"条件"行中输入条件"Year([工作时间])<2003"，如图 4-73 所示。

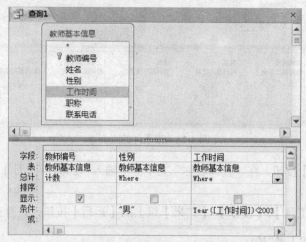

图 4-73　带条件的统计查询

（6）进入 SQL 视图，将 SQL 语句中"教师编号之计数"改为"2003 年前工作的男教师人数"。

（7）单击【保存】按钮，在"查询名称"文本框中输入"统计 2003 年前工作的男教师人数"。

（8）运行查询，查看结果。

3.　创建分组统计查询

（1）统计"课程基本信息"表中必修、选修的课程门数，显示"课程性质"、"课程门数"字段。

① 在设计视图中创建查询，添加"课程基本信息"表到查询设计视图中。

② 双击 "课程性质"和"课程编号"字段，将它们添加到"字段"行中。

③ 插入"总计"行，将"课程性质"的"总计"行选择"Group By"，"课程编号"的"总计"行选择"计数"，如图 4-74 所示。

④ 进入 SQL 视图，将 SQL 语句中"课程编号之计数"改为"课程门数"。

⑤ 单击【保存】按钮，在"查询名称"文本框中输入"统计必修和选修课程门数"。

⑥ 运行查询，查看结果。

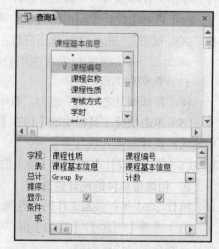

图 4-74　分组统计查询 1

（2）统计每个学生期末成绩的最高分、最低分和平均分，查询结果中显示"学生编号"、"最高分"、"最低分"和"平均分"字段。

① 在设计视图中创建查询，添加"学生选课成绩"表到查询设计视图中。

② 字段行第 1 列选"学生编号"字段，第 2 列到第 4 列选"学生选课成绩"表中的"期末成绩"。

③ 插入"总计"行，将"学生编号"的"总计"行选择"Group By"，"期末成绩"的"总计"行分别选择"最大值"、"最小值"和"平均值"，如图 4-75 所示。

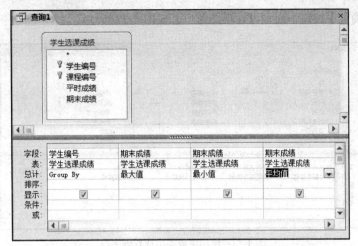

图 4-75　分组统计查询 2

④ 进入 SQL 视图，将 SQL 语句中"期末成绩之最大值"改为"最高分"；"期末成绩之最小值"改为"最低分"；"期末成绩之平均值"改为"平均分"。

⑤ 单击【保存】按钮，在"查询名称"文本框中输入"统计学生期末成绩"。

⑥ 运行查询，查看结果。

4. 使用生成器生成查询字段

根据学生的"平时成绩"和"期末成绩"，计算"总评成绩"。总评成绩=平时成绩*0.4+期末成绩*0.6。

（1）在设计视图中创建查询，添加"学生基本信息"、"学生选课成绩"和"课程基本信息"表到查询设计视图中。

（2）分别双击"学生基本信息"表中的"姓名"、"课程基本信息"表中的"课程名称"、"学生选课成绩"表中的"平时成绩"和"期末成绩"，将其添加到"字段"行的第 1~4 列中。

（3）右键单击字段行的第 5 列，在出现的快捷菜单中选择"生成器"命令，弹出"表达式生成器"对话框，在文本框中输入"总评成绩:[平时成绩]*0.4+[期末成绩]*0.6"，如图 4-76 所示。

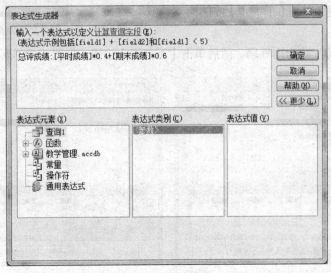

图 4-76　"表达式生成器"对话框

（4）单击【确定】按钮，回到设计视图窗口，如图 4-77 所示。

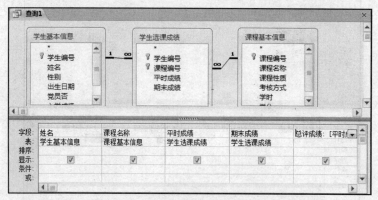

图 4-77　使用生成器生成查询字段

（5）单击"保存"按钮，在"查询名称"文本框中输入"统计学生总评成绩"。

（6）运行查询，查看结果。

2.4　创建交叉表查询

统计各个职称男、女教师的人数，行标题为"性别"，列标题为"职称"，计算字段为"教师编号"，交叉表查询不做各行小计。

（1）选择【创建】/【查询】组，单击"查询向导"，弹出"新建查询"对话框，选择"交叉表查询向导"，单击【确定】按钮。

（2）选择"视图"选项中"表"选项，选择"教师基本信息"表，如图 4-78 所示，单击【下一步】按钮。

（3）将"可用字段"列表中的"性别"字段添加到"选定字段"列表中，即将"性别"字段作为行标题，单击【下一步】按钮，如图 4-79 所示。

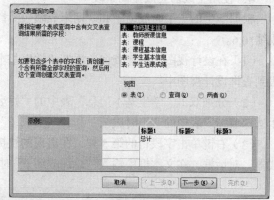

图 4-78　指定包含交叉表查询字段的表

（4）选择"职称"作为列标题，然后单击【下一步】按钮，如图 4-80 所示。

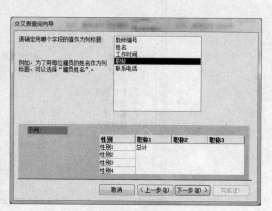

图 4-79　确定行标题　　　　　　　　　　图 4-80　确定列标题

（5）在"字段"列表中，选择"教师编号"作为统计字段，在"函数"列表中选择"Count"选项，并取消"是，包含各行小计"复选框，单击【下一步】按钮，如图 4-81 所示。

（6）在"指定查询的名称"文本框中输入"男女教师不同职称的人数"，选择"查看查询"选项，最后单击【完成】按钮，如图 4-82 所示。

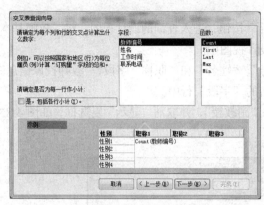

图 4-81　确定计算函数

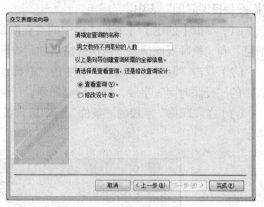

图 4-82　指定标题

2.5　创建参数查询

根据已经创建的查询"选课成绩查询"为数据源建立查询，按照学生的"姓名"查看成绩，并显示"学生编号"、"姓名"、"课程名称"、"平时成绩"和"期末成绩"字段。

（1）在导航窗格的"查询"对象中，右键单击"选课成绩查询"，在弹出的快捷菜单中选择"设计视图"，打开查询设计视图。

（2）在"姓名"字段的条件行中输入"[请输入学生姓名：]"，如图 4-83 所示。

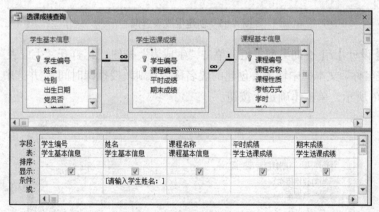

图 4-83　创建单参数查询

（3）单击【查询工具】/【设计】/【结果】组上的【运行】按钮，弹出"输入参数值"对话框，如图 4-84 所示。在"请输入学生姓名"文本框中输入要查询的学生姓名，例如："李飞"，单击【确定】按钮，显示查询结果。

（4）单击"文件"→"另存为"菜单命令，将查询另存为"按姓名查询成绩"。

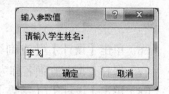

图 4-84　"输入参数值"对话框

2.6 创建操作查询

1. 创建生成表查询

创建生成表查询，将职称为"副教授"的教师的"教师编号"、"姓名"、"授课时间"存储到"副教授授课时间"表中。

（1）单击【创建】/【查询】组中的"查询设计"按钮，进入查询的设计视图，将"教师基本信息"和"教师授课信息"两份表格添加到查询设计视图中。

（2）双击"教师基本信息"表中的"教师编号"、"姓名"和"职称"字段，"教师授课信息"表中的"授课时间"字段，将它们添加到设计网格的"字段"行中。

（3）在"职称"字段的"条件"行中输入条件"副教授"，并取消"显示"复选框，如图4-85所示。

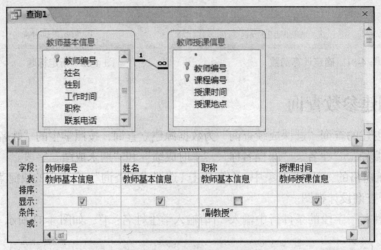

图 4-85 创建生成表查询

（4）选择【设计】/【查询类型】组，单击"生成表"按钮，打开"生成表"对话框。

（5）在"表名称"文本框中输入要创建的表名称为"副教授授课时间"，并选中"当前数据库"选项，如图4-86所示，单击【确定】按钮。

图 4-86 "生成表"对话框

（6）单击【设计】/【查询类型】组中的【视图】按钮，预览记录。

（7）保存查询，查询名称为"生成表查询"。

（8）单击【设计】/【结果】组中的【运行】按钮，屏幕上出现一个提示框，如图4-87所示，单击【是】按钮，开始建立"副教授授课时间"表。

（9）在"导航窗格"中，选择"表"对象，可以看到生成的"副教授授课时间"表，双击打开，在数据表视图中查看其内容。

2. 创建追加查询

创建查询，将职称为"教授"的教师记录添加到已建立的"副教授授课时间"表中。

（1）在设计视图中创建查询，并将"教师基本信息"和"教师授课信息"两份表格添加到查询设计视图中。

（2）单击【设计】/【查询类型】组中的"追加"按钮 ⬆!，弹出"追加"对话框，在"表名称"下拉列表框中选"副教授授课时间"表，并选中"当前数据库"选项，如图 4-88 所示。

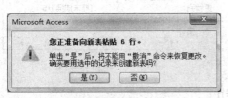

图 4-87　生成表提示框

图 4-88　"追加"对话框

（3）单击【确定】按钮，这时设计网格中增加一个"追加到"行，分别双击"教师基本信息"表中的"教师编号"、"姓名"和"职称"字段；"教师授课信息"表中的"授课时间"字段，即可将它们添加到设计网格中"字段"行中，"追加到"行中也自动出现"教师编号"、"姓名"和"授课时间"三项。

（4）在"职称"字段的"条件"行中，输入条件"教授"，如图 4-89 所示。

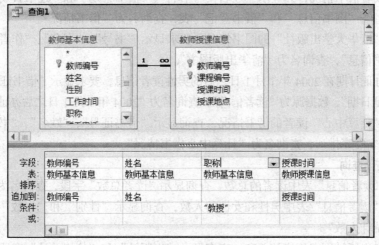

图 4-89　创建"追加"查询

（5）保存查询为"追加查询"。

（6）单击工具栏上的【运行】按钮，弹出提示对话框，单击【是】按钮，完成记录的追加。

（7）打开"副教授授课时间"表，查看追加的记录。

3. 创建更新查询

创建更新查询，将"课程编号"为"1006"的"期末成绩"增加 5 分。

（1）在设计视图中创建查询，并将"学生选课成绩"表添加到查询设计视图中。

（2）双击"学生选课成绩"表中的"课程编号"和"期末成绩"字段，将它们添加到设计网格中"字段"行中。

（3）单击【设计】/【查询类型】组中的"更新"按钮 ，设计网格中增加一个"更新到"行。

（4）在"课程编号"字段的"条件"行中输入条件"1006"，在"期末成绩"字段的"更新到"行中输入"[期末成绩]+5"，如图4-90所示。

（5）保存查询为"更新查询"。

（6）单击工具栏上的【运行】按钮，弹出提示更新对话框，单击【是】按钮，完成更新查询的运行。

（7）打开"学生选课成绩"表，查看成绩是否发生了变化。

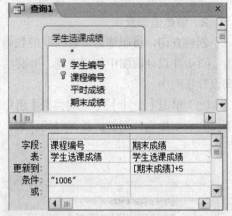

图4-90　更新表查询

【实验作业】

打开数据库"图书管理.accdb"，实现以下的查询操作。

1. 利用"简单查询向导"建立查询

（1）建立名为"图书基本信息"的查询，数据源为"图书信息"表，并显示"书名"、"作者"、"出版社"和"价格"字段。

（2）查询读者借书情况，并显示"姓名"、"部门"、"书名"、"借书日期"和"还书日期"字段，数据源为"读者信息"、"读者信息"和"借书登记"表，查询名为"读者借书情况"。

2. 利用"设计视图"建立查询

（1）查询读者借书情况，并显示"姓名"、"书名"、"借书日期"和"还书日期"字段，数据源为"读者信息"、"图书信息"和"借书登记"表，查询名为"借书情况"。

（2）查询"清华大学出版社"的图书情况，要求显示"书号"、"书名"、"作者"和"价格"，数据源为"图书信息"，查询名为"清华出版图书"。

（3）查询办证日期在2004年1月1日之后的男性读者信息，要求显示"借书证号"、"姓名"、"部门"和"办证日期"，数据源为"读者信息"，查询名为"2004年1月1日之后办证的男性读者"。

（4）查询"计算中心"读者的借书情况，查询显示"借书证号"、"姓名"、"书名"和"借书日期"，并按书名降序排列，查询名为"计算中心借书情况"。

3. 创建统计查询

（1）统计"读者信息"表中读者的总数，查询显示"读者总数"字段，查询名为"读者总数"。

（2）统计"读者信息"表中男性和女性的人数，查询显示"性别"和"人数"字段，查询名称为"按性别统计人数"。

（3）统计各出版社图书价格的总和，查询显示"出版社"和"价格总计"字段，并按价格总计项降序排列，查询名为"价格总计"。

4. 创建其他查询

（1）利用"交叉表查询向导"查询各个部门男、女读者的人数，数据源为"读者信息"表，行标题为"性别"，列标题为"部门"，按"借书证号"计数，查询名为"各部门男女读者的人数"，注意：交叉表查询不包含各行小计。

（2）利用"查找重复项查询向导"查找同一本书的借阅情况，数据源为"借书登记"表，重复值为"书号"，查询中显示"书号"、"借书证号"、"借书日期"和"还书日期"，查询名称为"同一本书的借阅情况"。

（3）利用"查找不匹配项查询向导"查找从未借过书的读者的"借书证号"、"姓名"、"部门"和"办证日期"，查询名称为"未借过书的读者"。

5. 创建参数查询

根据已经创建的查询"借书情况"为数据源建立查询，按照读者的"姓名"查看借书情况，运行查询时显示参数"请输入读者姓名:"，并显示"姓名"、"书名"、"借书日期"和"还书日期"字段，查询名为"按姓名查询借书情况"。

6. 创建操作查询

（1）创建名为"cx"的生成表查询，将"计算中心"读者的借书情况保存到名为"jsqk"的表中，数据源为"读者信息"、"图书信息"和"借书登记"表，查询显示"借书证号"、"姓名"、"书名"、"借书日期"和"还书日期"字段。

（2）创建名为"zjcx"的追加查询，将"理学院"的读者记录添加到已建立的"jsqk"表中，数据源为"读者信息"、"图书信息"和"借书登记"表。

（3）创建名为"gxcx"的更新查询，将所有图书的"价格"增加 5 元，数据源为"图书信息"。

实验三　建立窗体、报表和宏

【实验目的】
1. 掌握建立窗体、报表和宏的方法。
2. 掌握窗体和报表中常用控件的使用方法。
3. 掌握窗体的常用属性和常用控件属性的设置。
4. 掌握宏的创建和运行。

【上机指导】

3.1　建立窗体

1. 利用"窗体"按钮创建窗体

利用"窗体"按钮创建"教师基本信息"窗体。

（1）打开"教学管理.accdb"数据库，在导航窗格中，选择"教师基本信息"表，选择【创建】/【窗体】组，单击"窗体"按钮 ，窗体立即创建完成，并以布局视图显示，如图 4-91 所示。

（2）在快捷工具栏，单击【保存】按钮，在弹出的"另存为"对话框中输入窗体的名称为"教师基本信息"，然后单击【确定】按钮。

2. 利用"窗体向导"创建窗体

（1）创建一个"纵栏式"窗体，用于显示"学生基本信息"表中的信息。

① 选择【创建】/【窗体】组，单击"窗体向导"按钮 ，打开"窗体向导"对话框，如图 4-92 所示。在"表/查询"下拉列表中选择"表：学生基本信息"；单击"可用字段"右边的 按钮，将表中的所有"可用字段"都添加到"选定字段"中。

② 单击【下一步】按钮，在弹出如图 4-93 所示的"请确定窗体使用的布局"对话框中选择"纵栏表"，单击【下一步】按钮。

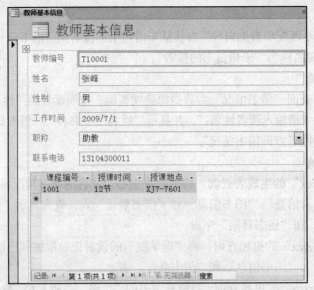

图 4-91　窗体布局视图

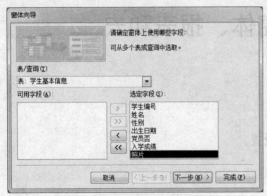

图 4-92　确定窗体使用哪些字段

图 4-93　确定窗体布局

③ 在打开的"为窗体指定标题"对话框中，输入"学生基本信息"，选取默认设置："打开窗体查看或输入信息"，单击【完成】按钮，如图 4-94 所示。

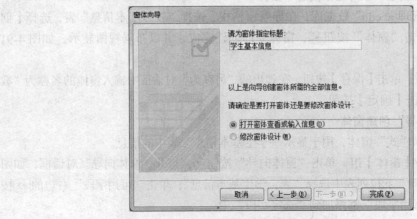

图 4-94　为窗体指定标题

④ 这时打开窗体视图，看到了所创建窗体的效果，如图 4-95 所示。在该窗体中，既能显示

"学生基本信息"表中的数据，又便于让用户随时进行输入、修改、删除等操作。

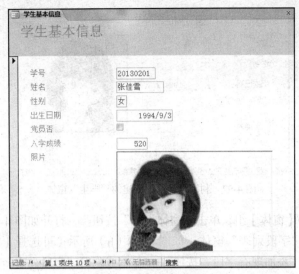

图 4-95　窗体最终效果

（2）以"学生基本信息"表和"学生选课成绩"表为数据源创建一个嵌入式的主/子窗体。

① 选择【创建】/【窗体】组，单击"窗体向导"按钮，打开"窗体向导"对话框，在"表/查询"下拉列表中选择"表：学生基本信息"单击"可用字段"右边的 »» 按钮，将表中的所有"可用字段"都添加到"选定字段"中；再选择"表：学生选课成绩"，也可将全部字段添加到右侧"选定字段"中。

② 单击【下一步】按钮，在弹出的窗口中，查看数据方式选择"通过学生基本信息"，并选中"带有子窗体的窗体"选项。

③ 单击【下一步】按钮，在"请确定子窗体使用布局"对话框中选择"数据表"，单击【下一步】按钮，将窗体标题设置为"学生主窗体"，"子窗体"标题设置为"选课成绩子窗体"。

④ 单击【完成】按钮，出现窗体效果如图 4-96 所示。

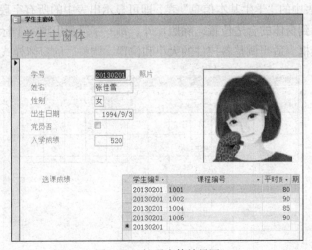

图 4-96　主/子窗体效果图

3. 利用"设计视图"创建窗体。

（1）利用"设计视图"创建如图 4-97 所示的窗体。

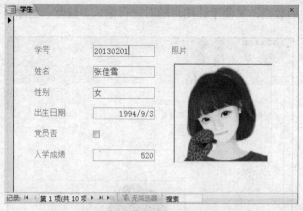

图 4-97 利用设计视图创建的"学生"窗体

① 选择【创建】/【窗体】组，单击"窗体设计"按钮，打开如图 4-98（a）所示的窗体的设计视图，同时出现"字段列表"窗体，如图 4-98（b）所示（可选择【窗体设计工具】/【设计】/【工具】组中的"添加现有字段"按钮，显示或隐藏"字段列表"窗体）。

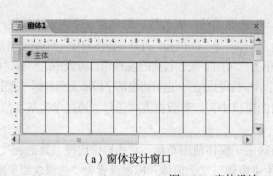

（a）窗体设计窗口　　　　　　　　　　（b）字段列表

图 4-98 窗体设计

② 双击字段列表中的"学生基本信息"表，即可显示出表中的所有字段，将字段列表中的每一项拖动（或双击）到窗体的合适位置，除照片外，每一字段都出现一个标签和一个文本框，照片则是一个绑定对象框。适当调整各控件的大小和位置，调整后的窗体样式，如图 4-99 所示。

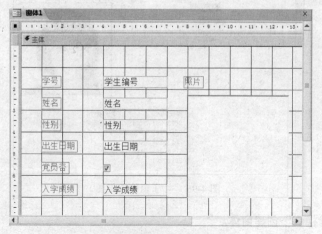

图 4-99 设计视图创建窗体

③ 单击快速工具栏中的【保存】按钮，保存该窗体，窗体名称为"学生"，然后单击【确定】按钮，即可出现图 4-97 所示的窗体。

（2）修改上题"学生"窗体中的"性别"字段，使其以下拉列表的形式显示，如图 4-100 所示。

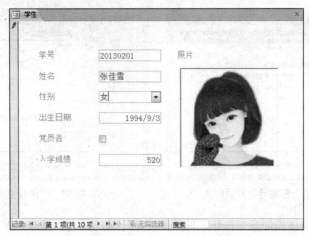

图 4-100　修改后的"学生"窗体样式

① 选择【窗体设计工具】/【设计】/【控件】组，单击控件的下拉箭头，在下拉列表中单击"使用控件向导"（将"使用控件向导"设置成选中的状态），如图 4-101 所示。

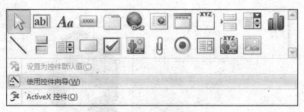

图 4-101　控件工具

② 将窗体中"性别"字段删除，在"控件工具"中选择"组合框"按钮，在"姓名"字段与"出生日期"字段之间拖动一矩形，系统弹出"组合框向导"对话框，如图 4-102 所示，选择"自行键入所需的值"。

③ 单击【下一步】按钮，弹出如图 4-103 所示的对话框，在"列数"中输入"1"，"第 1 列"下面输入"男"和"女"。

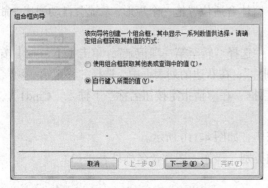

图 4-102　"组合框向导"对话框 1

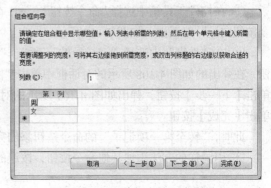

图 4-103　"组合框向导"对话框 2

④ 单击【下一步】按钮，弹出如图 4-104 所示的对话框。在该对话框中选中"将该数值保存在这个字段中"，其后的下拉列表框中的选择"性别"字段，单击【下一步】按钮，在弹出的图 4-105 的对话框中输入"性别:"，单击【完成】按钮。

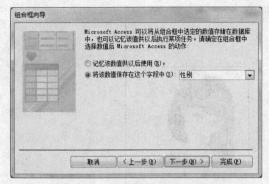
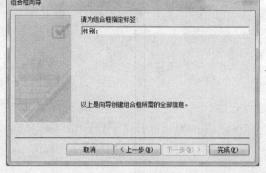

图 4-104　"组合框向导"对话框 3　　　　图 4-105　"组合框向导"对话框 4

（3）为"学生"窗体添加命令按钮，使其能完成记录的录入、修改、保存、撤销和删除，并能查看记录，如图 4-106 所示。

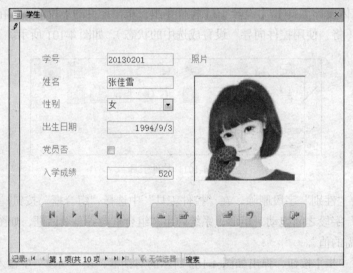

图 4-106　添加按钮后的"学生"窗体

① 在控件工具箱中选择"命令按钮"[xxxx]，在窗体合适位置拖一个矩形，系统会自动弹出"命令按钮向导"对话框，如图 4-107 所示。

② 在"类别"中选择"记录导航"；"操作"中选择"转至第一项记录"，单击【下一步】按钮，在弹出的如图 4-108 所示的对话框中单击"图片"；在右边的列表框中，选择"移至第一项"，单击【下一步】按钮，弹出如图 4-109 所示的对话框；在"请指定按钮名称"下输入"Cmd1"，单击【完成】按钮。

此时，"转至第一项记录"的命令按钮添加完毕，如图 4-110 所示。

③ 用同样的方法添加其他命令按钮，按钮的类别、操作、图片及名称见表 4-13。

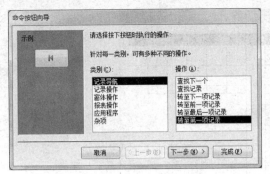

图 4-107　确定按下按钮时产生的动作

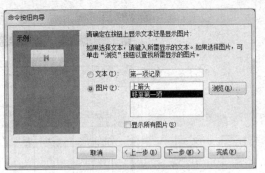

图 4-108　确定在按钮上显示文本还是图片

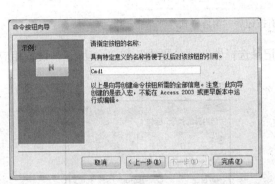

图 4-109　指定按钮的名称

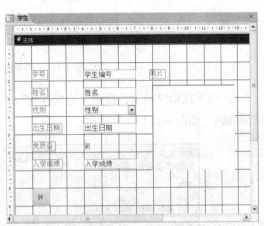

图 4-110　添加一个按钮后的窗体样式

表 4-13　　　　　　　　　　添加命令按钮的选项表

类别	操作	图片	按钮名称
记录导航	转至前一项记录	移至上一项	Cmd2
记录导航	转至下一项记录	移至下一项	Cmd3
记录导航	转至最后一项记录	移至最后一项	Cmd4
记录操作	添加新记录	转至新对象	Cmd5
记录操作	删除记录	删除记录	Cmd6
记录操作	保存记录	保存记录	Cmd7
记录操作	撤销记录	撤销	Cmd8
窗体操作	关闭窗体	退出入门	Cmd9

按上表添加完命令按钮后的窗体样式如图 4-111 所示。

④ 单击"视图/窗体视图",即可看到题目所给的窗体样式。

4. 窗体综合应用

为上题的"学生"窗体添加标题"学生基本信息";设置窗体边框样式为"细边框";取消窗体中的水平和垂直滚动条、记录选择器和分隔线。

① 打开"学生"窗体的设计视图,选择【窗体设计工具】/【设计】/【工具】组,单击"属性表"按钮，出现"属性表"窗口,如图 4-112(a)所示。在"所选内容的类型:窗体"下面的下拉列表中选择"窗体",然后选择"格式"选项卡,在"标题"属性右侧输入"学生基本信息"。

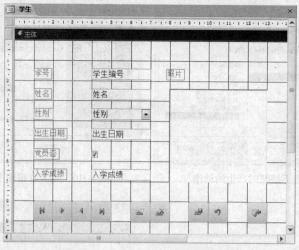

图 4-111　添加所有按钮后的窗体样式

②　向下拖动滚动条，找到"边框样式"、"记录选择器"、"分隔线"和"滚动条"，设置相应的属性值，如图 4-112（b）所示。

图 4-112（a）　设置窗体的"标题"属性

图 4-112（b）　设置窗体的其他属性

3.2　建立报表

1.　利用"报表"按钮创建报表

（1）打开"教学管理.accdb"数据库，在导航窗格中，选择"教师基本信息"表，选择【创建】/【报表】组，单击"报表"按钮，报表立即创建完成，并以布局视图显示，如图 4-113 所示。

（2）单击快捷工具栏中的【保存】按钮，在弹出的"另存为"对话框中输入报表的名称"教师基本信息"，然后单击【确定】按钮。

2.　利用"报表向导"创建报表

（1）利用"报表向导"创建"教师授课信息"报表。

①　打开"教学管理"数据库，在"导航"窗格中，选择"教师授课信息"表。

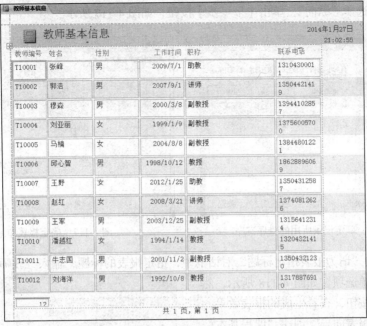

图 4-113　教师报表

② 选择【创建】/【报表】组中，单击"报表向导"按钮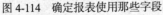，打开"报表向导"对话框，这时数据源已经选定为"表：教师授课信息"（在"表/查询"下拉列表中也可以选择其他数据源）。在"可用字段"窗格中，将全部字段添加到"选定字段"窗格中，然后单击【下一步】按钮，如图 4-114 所示。

③ 在打开的"是否添加分组级别"对话框中，自动给出分组级别，并给出分组后报表布局预览。这里是按"教师编号"字段分组（这是由于"教师基本信息"表与"教师授课信息"表之间建立的一对多关系所决定的，否则就不会出现自动分组，而需要手工分组），单击【下一步】按钮，如图 4-115 所示。

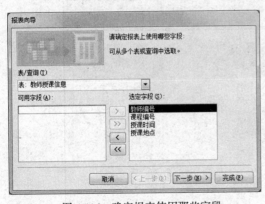

图 4-114　确定报表使用那些字段

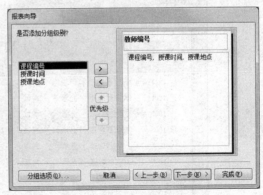

图 4-115　添加分组级别

如果需要再按其他字段进行分组，可以直接双击左侧窗格中的用于分组的字段。

④ 在打开的"请确定明细记录使用的排序次序"对话框中。这里选择按"课程编号"升序排序，再单击【下一步】按钮，如图 4-116 所示。

⑤ 在打开的"请确定报表的布局方式"对话框中，确定报表所采用的布局方式。这里选择"递

"阶"布局，方向选择"纵向"，单击【下一步】按钮，如图 4-117 所示。

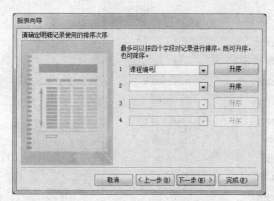

图 4-116　确定记录所用的排序次序

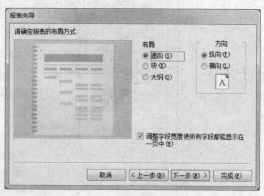

图 4-117　确定报表布局方式

⑥ 在打开的"请为报表指定标题"对话框中，指定报表的标题，输入"教师授课信息"，选择"预览报表"单选项，如图 4-118 所示，然后单击【完成】按钮，查看生成的报表效果。

（2）利用"报表向导"创建"课程基本信息"报表。要求不设置分组级别，按照"课程编号"升序排序，报表布局为"表格"、方向为"纵向"，报表标题为"课程基本信息"，结果样式如图 4-119 所示。具体操作步骤同上题。

3. 利用"设计视图"修改报表

利用"设计视图"更改"课程基本信息"报表的布局，布局样式如图 4-120 所示。

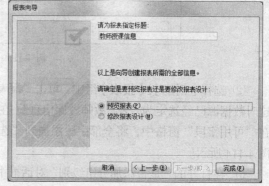

图 4-118　为报表指定标题

图 4-119　"课程基本信息"报表

课程编号	课程名称	课程性质	考核方式	学时	学分
1001	大学计算机基础	必修	考试	56	3.5
1002	C语言程序设计	必修	考试	72	4.5
1003	VB语言程序设计	必修	考试	72	4.5
1004	PS图像处理	选修	考查	24	2
1005	ACCESS数据库	选修	考查	16	1.5
1006	高等数学	必修	考试	96	6
1007	学计算机基础实	必修	考查	22	1
1008	Flash动画设计	选修	考查	24	2
1009	大学外语	必修	考试	64	4
1010	大学物理	必修	考试	56	3.5

2014年1月28日　　　　　　　　　　　　共 1 页，第 1 页

图 4-120　修改后的"课程基本信息"报表

（1）右键单击"导航"窗格中的"课程基本信息"报表，在弹出的快捷菜单中选择"设计视图"，打开该报表的设计视图，如图 4-121 所示。这时报表的页面页眉/页脚和主体节同时都出现，这点与窗体不同。

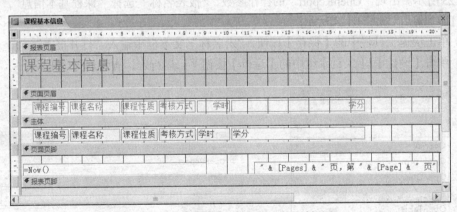

图 4-121　"课程基本信息"报表设计视图

（2）将"报表页眉"中的标题"课程基本信息"所在标签移动到报表的中间部分，并使用【格式】/【字体】组中的选项设置标题格式：隶书、红色、字号20、居中。

（3）调整各个控件的大小、位置及对齐方式等；调整报表页面页眉节和主体节的高度，以合适的尺寸容纳其中的控件（注：可使用【报表设计工具】/【排列】/【调整大小和排序】组中的选项进行设置）；并将"页面页眉"中的文字加粗。设置效果如图 4-122 所示。

（4）选择【报表设计工具】/【排列】/【控件】组，选"直线"控件＼，在"主体"区域文本框的下方画一条直线，再在"页面页眉"区域画两条直线。

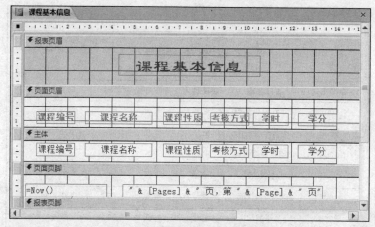

图 4-122　修改后的报表设计视图

（5）单击【报表设计工具】/【设计】/【视图】组，选择"报表视图"，查看报表效果如图 4-120 所示。

3.3　宏的创建与运行

1. 创建单操作宏

在"教学管理.accdb"数据库中创建宏，功能是打印预览"课程基本信息"报表。

（1）打开"教学管理.accdb"数据库，选择【创建】/【代码与宏】组，单击"宏"按钮 ，进入宏设计窗口。

（2）单击"添加新操作"右侧的下拉箭头，在出现的下拉列表中选择"OpenReport"操作，如图 4-123 所示。出现"OpenReport"的操作参数，"报表名称"选择"课程基本信息"，"视图"选择"打印预览"，如图 4-124 所示。

（3）单击快速工具栏中的【保存】按钮，"宏名称"文本框中输入"打开报表"。

（4）单击【设计】/【工具】组中的【运行】按钮 ，运行宏，查看运行效果。

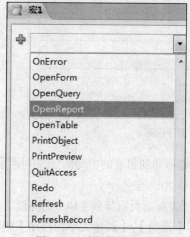

图 4-123　宏操作列表

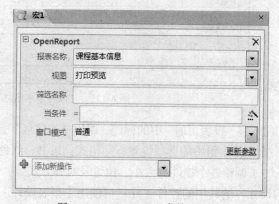

图 4-124　OpenReport 参数的设置

2. 创建操作序列宏

创建宏，功能是打开"教师基本信息"表；再关闭"教师基本信息"表；关闭前显示一个提示框"真的要关闭表吗？"。

（1）选择【创建】/【代码与宏】组，单击【宏】按钮，进入宏设计窗口。

（2）在"添加新操作"列的第 1 行，选择"OpenTable"操作，"操作参数"区中的"表名称"选择"教师基本信息"表。

（3）在"添加新操作"列的第 2 行，选择"MessageBox"操作。"操作参数"区中的"消息"框中输入"真的要关闭表吗？"；"类型"选择"警告!"；"标题"框输入"提示"。

（4）在"添加新操作"列的第 3 行，选择"RunMenuCommand"操作，再选择"Close"操作，如图 4-125 所示。

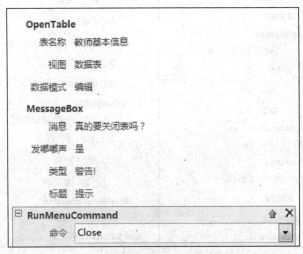

图 4-125　操作序列宏及参数设置

（5）单击【保存】按钮，"宏名称"文本框中输入"操作序列宏"。

（6）单击【运行】按钮运行宏，查看运行效果。

3. 创建宏组

在"教学管理.accdb"数据库中创建宏组，宏 1 的功能与上题"操作序列宏"的功能一样，宏 2 的功能是打开和关闭"学生"窗体，关闭前要用消息框提示操作。

（1）选择【创建】/【代码与宏】组，单击【宏】按钮，进入宏设计窗口。

（2）在"操作目录"窗格中，双击程序流程中的"Submacro"，则在宏设计窗口中出现"子宏"，在子宏名称文本框中，默认名称为 Subl，把该名称修改为"宏 1"，如图 4-126 所示。

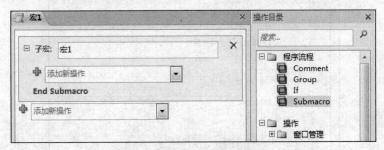

图 4-126　宏设计视图及操作目录

（3）在宏 1 的"添加新操作"列，选择"OpenTable"操作；"操作参数"区中的"表名称"选择"教师基本信息"表；"数据模式"为只读，并依次添加操作"MessageBox"和

"RunMenuCommand"，具体设置同上题。

（4）重复（2）～（3）步骤，添加"宏 2"，并依次添加操作"OpenForm"、"MessageBox"和"RunMenuCommand"，具体参数的设置如图4-127所示。

（5）在"子宏：宏1"下面的添加新操作中选择"RunMacro"操作，宏名称行选择"宏组.宏名2"。

图 4-127　宏组设计及参数设置

（6）单击【保存】按钮，"宏名称"文本框中输入"宏组"，并运行宏，查看结果。

【实验作业】

打开数据库"图书管理.accdb"，实现以下任务中的窗体、报表和宏的操作。

1．建立窗体

（1）使用【窗体】按钮创建"图书信息"窗体，数据源为"图书信息"表，窗体样式如图4-128所示。

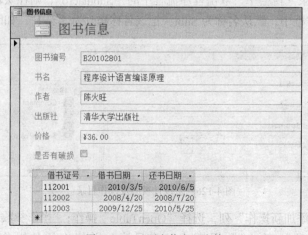

图 4-128　"图书信息"窗体

（2）利用"窗体向导"为"读者信息"表建立窗体，窗体中包含"读者信息"表的所有字段，"窗体布局"为"纵栏表"；窗体名称为"读者信息"。窗体样式如图 4-129 所示。

（3）创建主/子窗体，数据源为"读者信息"和"借书登记"，通过"读者信息"查看数据，布局为"数据表"；窗体名为"读者信息主窗体"；子窗体名为"借书登记子窗体"，窗体样式如图 4-130 所示。

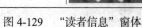

图 4-129　"读者信息"窗体

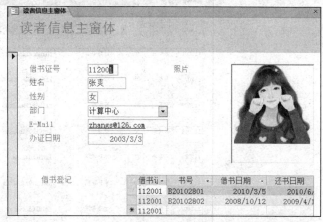

图 4-130　主/子窗体

（4）利用"设计视图"创建"读者"窗体，数据源为"读者信息"，并添加命令按钮，按钮以图片形式显示，如图 4-131 所示。按钮的类别、操作、显示的图片名称及按钮名称如表 4-14 所示。

图 4-131　"读者"窗体

表 4-14　　　　　　　　　　　　　　添加命令按钮的选项表

类别	操作	按钮显示的图片	按钮名称
记录导航	转至第一项记录	移至第一项 2	Cmd1
记录导航	转至前一项记录	移至前一项 2	Cmd2
记录导航	转至下一项记录	移至下一项 2	Cmd3
记录导航	转至最后一项记录	移至最后一项 2	Cmd4
窗体操作	关闭窗体	退出	Cmd10

（5）为上题的"读者"窗体添加标题"读者信息"；设置窗体边框样式为"细边框"；取消窗体中的水平和垂直滚动条、记录选择器和分隔线。

2. 建立报表

（1）使用"自动创建报表"建立报表，数据源为"读者信息"表，报表名为"读者信息"，报表样式如图 4-132 所示。

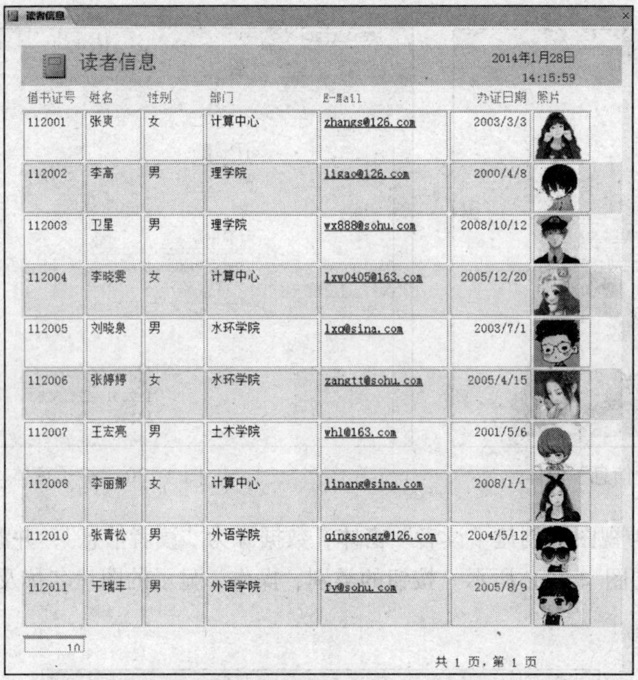

图 4-132　"读者信息"报表

（2）使用"报表向导"创建报表，数据源为"图书信息"表，要求显示表中所有字段，不设置分组级别，按"书号"升序排列，报表布局方式为"表格"、方向为"纵向"，报表名为"图书信息"，如图 4-133 所示。

图 4-133　"图书信息"报表样式 1

（3）利用"设计视图"更改"图书信息"报表布局，布局样式如图 4-134 所示，具体要求如下：
① 将报表页眉中"标题"所在的标签居中，设置标题格式：华文彩云、红色、字号 20；
② 适当调整各个控件的大小、位置及对齐方式，调整报表页面页眉节和主体节的高度；
③ 页面页眉和主体部分的所有文字居中；
④ 在页面页眉和主体部分添加直线。

图书编号	书名	作者	出版社	价格	是否有破损
B20102801	程序设计语言编译原理	陈火旺	清华大学出版社	¥36.00	☐
B20102802	C语言程序设计	谭浩强	新华出版社	¥27.00	☑
B20102803	数据库系统概论	萨师煊	高等教育出版社	¥20.00	☑
B20102804	VB程序设计	苗雪兰	机械工业出版社	¥33.00	☐
B20102805	软件基础技术基础	冯博琴	人民邮电出版社	¥35.00	☐
B20102806	大学计算机基础	李昭原	清华大学出版社	¥44.00	☑
B20102807	网页设计技术	王珊	清华大学出版社	¥23.50	☐
B20102808	Photoshop图像处理	王晓利	清华大学出版社	¥45.00	☐
B20102809	VB程序设计实验指导	张莹	电子工业出版社	¥20.00	☐

2014年1月28日　　　　　　　　　　　　　　共 1 页，第 1 页

图 4-134 "图书信息"报表样式 2

3. 建立宏

（1）创建宏，功能是打印预览"图书信息"报表，宏名为"打开报表"。

（2）创建宏，功能是打开"读者信息"表；再关闭"读者信息"表；关闭前显示一个提示框"确定要关闭吗？"，宏名为"操作序列宏"。

（3）创建宏组，宏组中包含两个宏，宏 1 的功能同题（2），宏 2 的功能是打开和关闭"读者"窗体，关闭前弹出提示框"关闭读者窗体吗？"，宏名为"宏组"。

实验四　综合性实验

【实验目的】

培养学生综合运用 Access 数据库的能力。在已创建好的数据库和数据表上完成表结构的调整、表记录的修改、表间关系的创建、查询和窗体的创建等操作。

【实验指导】

打开数据库"职工基本情况.accdb"，进行以下操作：

　　　所有操作在前面的实验中均已涉及，此处仅写一下简单步骤，具体步骤参考前面的实验。

4.1　基本操作

（1）将"职工基本情况表.xlsx"文件导入"职工基本情况.accdb"数据库中，设置主关键字为"职工编号"，导入的表命名为"zgjbqk"。

① 双击打开"职工基本情况.accdb"数据库,选择【外部数据】/【导入并链接】组,单击【Excel】按钮，打开的"获取外部数据"对话框,单击【浏览】按钮,找到"职工基本情况表.xlsx"存储位置并选择它,然后单击【确定】按钮。

② 在打开的"导入数据表向导"对话框中,直接单击【下一步】按钮。

③ 在打开的"请确定指定第一行是否包含列标题"对话框中,选中"第一行包含列标题"复选框,然后单击【下一步】按钮。

④ 在打开的指定导入每一字段信息对话框中,直接单击【下一步】按钮。

⑤ 在打开的定义主键对话框中,选中"我自己选择主键",Access 自动选定"职工编号",然后单击【下一步】按钮。

⑥ 在打开的设置导入表的名称对话框中,在"导入到表"文本框中,输入"zgjbqk",单击【完成】按钮。到此完成使用导入方法创建表。

（2）设置"出生时间"字段的数据类型为"日期/时间型",为必填字段。

① 右键单击"zgjbqk"表,在弹出的下拉菜单中选择"设计视图",打开"zgjbqk"表的设计视图。

② 选择"出生时间"字段,数据类型选择"日期/时间"型,字段属性"必需"选择"是"。

③ 单击"快速工具栏"中的【保存】按钮,弹出提示框,选择【是】按钮。

（3）删除"职工编号"为"1005"的记录。

① 双击"zgjbqk"表,打开其"数据表视图"。

② 找到"职工编号"为"1005"的记录,选中该行,并右键单击该行最左侧,弹出快捷菜单,选择"删除记录",如图 4-135 所示。

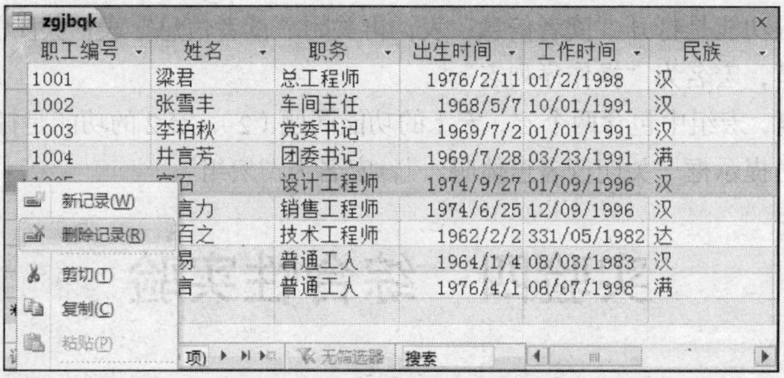

图 4-135　删除表中记录

③ 弹出提示对话框,选择【是】按钮,然后单击"快速工具栏"中的【保存】按钮,保存所做的修改。

（4）添加一条记录,数据为:

1010,明磊,普通工人,1972-2-21,03/04/1998,蒙古

① 双击"zgjbqk"表,打开其"数据表视图"。

② 在表的最后一行（前面带*号的行）依次输入所给数据并保存。

4.2　简单操作

（1）建立一个名为"cx"的生成表查询,将出生时间在1976年1月1日以前的职工保存到名为"cscx"的表中;数据来源为"zgjbqk"表;显示"职工编号、姓名、工作时间"字段。

① 选择【创建】/【查询】组，单击【查询设计】按钮，弹出"显示表"对话框，选择"zgjbqk"表，将其添加到设计视图中。

② 双击"zgjbqk"表中的 "职工编号"、"姓名"、"出生时间"和"工作时间"字段，将它们添加到设计网格中"字段"行中。在"出生时间"字段的条件行中输入条件：<1976-1-1，并取消"显示"复选框。

③ 选择【设计】/【查询类型】组，单击"生成表"按钮 ，打开"生成表"对话框。

④ 在"表名称"文本框中输入"cscx"，并选中"当前数据库"选项，单击【确定】按钮。

⑤ 保存查询，查询名称为"cx"。

⑥ 单击【运行】按钮，屏幕上出现一个提示框，单击【是】按钮，开始建立"cscx"表。这时在"导航窗格"的"表"对象中，出现新生成的表"cscx"。

（2）利用报表向导建立一个名为"zg"的报表，显示"zgjbqk"表中所有字段，按"民族"字段进行分组，"职工编号"字段"升序"排序，布局为"递阶"，方向为"纵向"。

① 选择【创建】/【报表】组中，单击"报表向导"按钮 报表向导，打开"报表向导"对话框，在"表/查询"下拉列表中选择"表：zgjbqk"。在"可用字段"窗格中，将全部字段添加到"选定字段"窗格中，然后单击【下一步】按钮。

② 在打开的"是否添加分组级别"对话框中，将"民族"到右侧窗格中，作为分组字段，然后单击【下一步】按钮。

③ 在打开的"请确定明细记录使用的排序次序"对话框中。这里选择按"职工编号"升序进行排序，再单击【下一步】按钮。

④ 在打开的"请确定报表的布局方式"对话框中，确定报表所采用的布局方式。这里选择"递阶"式布局，方向选择"纵向"，单击【下一步】按钮。

⑤ 在打开的"请为报表指定标题"对话框中，指定报表的标题，输入"zg"，选择"预览报表"单选按钮，然后单击【完成】按钮。

报表最终效果如图 4-136 所示。

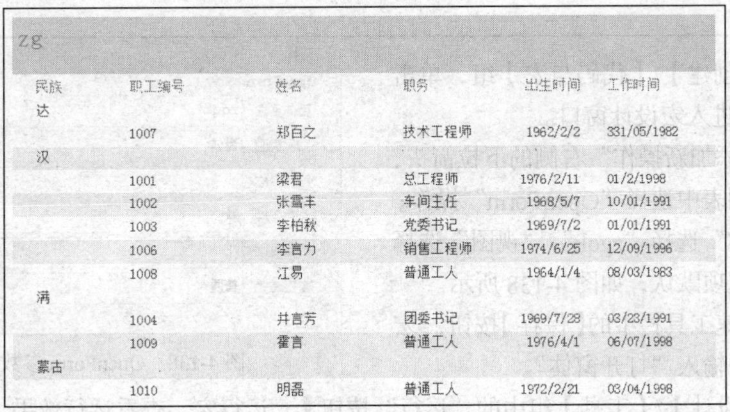

zg					
民族	职工编号	姓名	职务	出生时间	工作时间
达					
	1007	郑百之	技术工程师	1962/2/2	331/05/1982
汉					
	1001	梁君	总工程师	1976/2/11	01/2/1998
	1002	张雪丰	车间主任	1968/5/7	10/01/1991
	1003	李柏秋	党委书记	1969/7/2	01/01/1991
	1006	李言力	销售工程师	1974/6/25	12/09/1996
	1008	江易	普通工人	1964/1/4	08/03/1983
满					
	1004	井言芳	团委书记	1969/7/28	03/23/1991
	1009	霍言	普通工人	1976/4/1	06/07/1998
蒙古					
	1010	明磊	普通工人	1972/2/21	03/04/1998

图 4-136　报表最终效果

4.3　综合应用

（1）利用窗体向导建立一个名为"zgqk"的窗体，显示"zgjbqk"表中所有字段，布局为"纵栏表"。

① 选择【创建】/【窗体】组，单击"窗体向导"按钮，打开"窗体向导"对话框，在"表和查询"下拉列表中选择"zgjbqk"表，单击"可用字段"右边的≫按钮，将表中的所有字段都添加到"选定字段"中。

② 单击【下一步】按钮，在弹出的"确定窗体使用的布局"对话框中选择"纵栏表"，单击【下一步】按钮。

③ 在打开的"为窗体指定标题"对话框中，输入"zgqk"，选取默认设置："打开窗体查看或输入信息"，单击【完成】按钮。

窗体最终效果如图 4-137 所示。

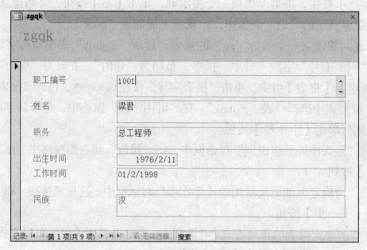

图 4-137　窗体最终效果

（2）建立一个名为"打开窗体"的宏，功能为：打开名称为"zgqk"的窗体。

　　打开窗体的宏操作是"OpenForm"。

① 选择【创建】/【代码与宏】组，单击"宏"按钮，进入宏设计窗口。

② 单击"添加新操作"右侧的下拉箭头，在出现的下拉列表中选择"OpenForm"操作；参数"窗体名称"选择"zgqk"；"视图"选择"窗体"，其他选项默认，如图 4-138 所示。

③ 单击快速工具栏中的【保存】按钮，"宏名称"文本框中输入"打开窗体"。

图 4-138　OpenForm 参数的设置

④ 单击【设计】/【工具】组中的"运行"按钮，运行宏，查看运行效果。

（3）建立一个名为"打开报表"的宏，功能为：打开名称为"zg"的报表，设置视图为"打印预览"。

　　打开报表的宏操作是"OpenReport"。

① 选择【创建】/【代码与宏】组，单击"宏"按钮，进入宏设计窗口。

② 单击"添加新操作"右侧的下拉箭头，在出现的下拉列表中选择"OpenReport"操作；参数"报表名称"选择"zg"；"视图"选择"打印预览"，其他选项默认。

③ 单击快速工具栏中的【保存】按钮，"宏名称"文本框中输入"打开报表"。

④ 单击【设计】/【工具】组中的"运行"按钮，运行宏，查看运行效果。

（4）建立一个名为"职工情况"的窗体，具体要求如下：

● 设置命令按钮的单击事件时，必须选择相应的宏（宏组）名称，不可以使用系统自动建立的事件过程；

● 添加一个命令按钮，设置名称为"命令 0"；标题为"打开窗体"；功能为运行宏"打开窗体"；

● 添加一个命令按钮，设置名称为"命令 1"；标题为"打开报表"；功能为运行宏"打开报表"；

● 显示格式及内容如图 4-139 所示。

图 4-139　"职工情况"窗体样图

① 选择【创建】/【窗体】组，单击"窗体设计"按钮，打开窗体设计视图。

② 选择【窗体设计工具】/【设计】/【控件】组，单击控件的下拉箭头，在下拉列表中取消"使用控件向导"（即将该选项设置成未选中的状态），如图 4-140 所示。

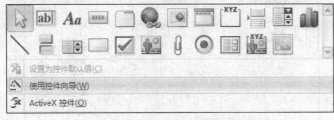

图 4-140　取消"使用控件向导"

③ 在控件工具箱中选择"命令按钮"，在窗体合适位置拖动一个矩形，就会在窗体上出现一个名为"Command0"的命令按钮。

④ 选中该命令按钮，并单击【设计】/【工具】组中的【属性表】按钮，弹出"属性表"窗口。在"属性表"窗口中，选择"全部"选项卡，"名称"选项输入"命令 0"；"标题"选项输入"打开窗体"。再选择"事件"选项卡，"单击"选项选择"打开窗体"，如图 4-141 所示。

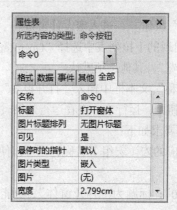

图 4-141　"命令按钮"属性表

⑤ 重复步骤③～步骤④，创建【打开报表】按钮。

⑥ 单击快速工具栏中的【保存】按钮，保存该窗体，窗体名称为"职工情况"，单击【确定】按钮即可出现如样图 4-139 所示的窗体。

⑦ 单击【打开窗体】和【打开报表】按钮，查看效果。

【实验作业】

打开数据库"Exercise.accdb"，进行以下操作。

1. 基本操作

（1）设置"教师业务档案及收入表"表中"教师编号"字段为"05001"的记录前五个字段值改为：05006，女，生物，硕士，生物。

（2）设置"教师业务档案及收入表"表中"月工资"字段的列宽为"最佳匹配"，按"升序"排序。

（3）对与教师相关的表建立关系，表间均实施参照完整性，显示格式及内容如图 4-142 所示。

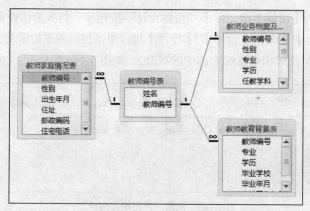

图 4-142　表间关系图

（4）在"教师编号表"中插入子数据表"教师业务档案及收入表"，并全部展开。

2. 简单操作

（1）建立一个名为"SQL"的查询，查找教师月工资大于 1800 元的数据，具体要求如下：

① 数据来源为"教师编号表"、"教师教育背景表"、"教师业务档案及收入表"；

② 显示"教师编号、姓名、来校工作年月、任教学科、职称、月工资、奖金"字段。

（2）建立一个名为"任教学科职称的月工资平均工资"的交叉表查询，具体要求如下：

① 数据来源为"教师业务档案及收入表"；

② 行标为"任教学科"；列标为"职称"；值为"月工资"。

3. 综合应用

（1）建立一个名称为"每个教师的月收入"的查询，具体要求如下：

① 数据来源为"教师编号表"、"教师业务档案及收入表"；

② 显示"教师编号"、"姓名"、"月工资"、"奖金"、"超课时津贴"、"班主任津贴"、"月收入"字段；

③ 说明：月收入=月工资+奖金+超课时津贴+班主任津贴。

（2）建立一个名称为"月总收入及平均收入"的查询，具体要求如下：

① 数据来源为"每个教师的月收入"查询；

② 显示"月总收入"、"平均收入"字段；

③ 运行该查询，显示结果为每个教师的月总收入及平均收入。

测试题

一、选择题

1. Access 是一种（　　）。

    A. 数据库管理系统软件　　　　　　B. 操作系统软件

    C. 文字处理软件　　　　　　　　　D. CAD 软件

2. 用数据库向导创建 Access 数据库的步骤不包括（　　）。

    A. 打开"新建"数据库对话框、确定数据库类型和保存数据库文件

    B. 选择字段并定义字段的数据类型

    C. 选择屏幕显示样式、选择打印报表格式

    D. 确定数据库标题并完成

3. 在 Access 中，表设计器的工具栏中的"视图"按钮的作用是（　　）。

    A. 用于显示、输入、修改表的数据

    B. 用于修改表的结构

    C. 可以在"设计视图"和"数据表视图"两个显示状态之间进行切换

    D. 以上都不对

4. 在 Access 中，存储在计算机内按一定的结构和规则组织起来的相关数据的集合称为（　　）。

    A. 数据结构　　　　　　　　　　　B. 数据库管理系统

    C. 数据库系统　　　　　　　　　　D. 数据库

5. 在 Access 中，数据库主要特点是（　　）。

    A. 数据可以共享；数据结构化；数据独立性；统一管理和控制

    B. 数据结构化；数据互换性；数据冗余小；统一管理和控制

    C. 数据可以共享；数据冗余小；数据独立性；数据的完整性；数据的安全性

    D. 数据非结构化；数据独立性；数据冗余小；统一管理和控制

6. 在 Access 中，要在一定程度上保证数据的安全性，一般使用的办法是（　　）。

  A. 检验用户身份   B. 检查存取权限

  C. 通过特定的通道存取数据   D. 以上三者

7. 关于数据库系统的叙述中，错误的是（　　）。

  A. 物理数据库指长期存放在外存上的可共享的相关数据的集合

  B. 数据库中还存放"元数据"

  C. 数据库系统软件支持环境不包括操作系统

  D. 用户使用 DML 语句实现对数据库中数据的基本操作

8. 下面列出的特点中，（　　）不是数据库系统的特点

  A. 无数据冗余   B. 采用一定的数据模型

  C. 数据共享   D. 数据具有较高的独立性

9. 在数据库系统中，位于用户和数据库之间的一层数据管理软件是（　　）。

  A. DBSB.   DB   C. DBMS   D. CAD

10. Access 屏幕的主菜单的菜单项是（　　）。

  A. 会根据执行的命令而有所增添或减少的

  B. 基本上都有自己的子菜单的

  C. 可被利用来执行 Access 的几乎所有命令的

  D. 以上全部是正确的

二、填空题

1. 在关系模型中，一个候选键由（　　）个属性组成。

2. 在关系模型中，关系中不允许出现相同元组的约束是通过（　　）实现的。

3. 要保证数据库数据的逻辑独立性，需要修改的是（　　）。

4. 从关系中取出所需属性组成新关系的操作称为（　　）。

5. 关系型数据库管理系统中存储与管理数据的基本形式是（　　）。

6. 窗体中的数据来源主要包括表和（　　）。

7. 检索年龄为 20 岁的女生的布尔表达式是（　　）。

8. 关系数据库中的数据逻辑结构是（　　）。

三、判断题

1. 数据库管理系统就是 Access 软件。（　　）

2. Access 的查询就是根据基本表得到的新的基本表。（　　）

3. 数据库避免了一切的数据冗余。（　　）

4. 数据库中，记录、表的行、元组所表示的含义是一样的。（　　）

5. 在设计表时，如果要限制某个字段的输入值范围，可以在有效性规则属性中设置。（　　）

6. Access 的表中，不同类型的字段，其字段属性有所不同。（　　）

7. 在设计表时，如果要限制某个字段的输入值范围，可以在有效性规则属性中设置。（　　）

8. 数据库体系结构中的逻辑模式是针对 DBA 的数据库中的所有数据与联系的逻辑结构。

（　　）

第5章
多媒体技术

实验一 Windows 7 录音机的使用

【实验目的】

1. 掌握 Windows 7 录音机的使用方法。

2. 学会 Windows 7 录音机的内录及混音设置。

【上机指导】

1.1 录音机基本操作

1. 录音机的启动

执行"开始/所有程序/附件/录音机"命令，
启动"录音机"程序。"录音机"窗口如图 5-1 所示。

2. 录制声音文件

可使用录音机来录制声音并将其作为音频文件保存
在计算机上。若要使用录音机，计算机上必须装有声卡
和扬声器。如要录制声音，则还需要麦克风或其他音频输入设备。

图 5-1 Windows 7 录音机窗口

（1）单击录音机的【开始录制】按钮即可录制声音文件，若要停止录制音频，请单击【停止录制】按钮，系统会自动弹出"另存为"对话框，如图 5-2 所示。

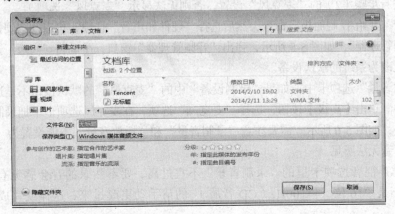

图 5-2 文件"另存为"对话框

（2）如果要继续录制音频，请单击"另存为"对话框中的【取消】按钮，然后单击【继续录制】。则继续录制声音，录制完成后单击【停止录制】。

（3）在"另存为"对话框中为录制的声音键入文件名，然后单击"保存"将录制的声音另存为音频文件。

1.2   录音机的内录及混音设置

1. 右键点击系统右下角的"小喇叭"图标 ，在弹出的菜单里选择"录音设备"，弹出如图 5-3 所示的窗口。在此选项卡的任意空白处单击鼠标右键，选择"显示禁用的设备"。找到"立体声混音"选项卡，系统默认是禁用的，需要我们手动打开。右键点击"立体声混音"，在弹出的菜单里选择"启用"，如图 5-4 所示。当"立体声混音"被正确启用后，我们会看到该项图标的下面有一个绿色的勾。

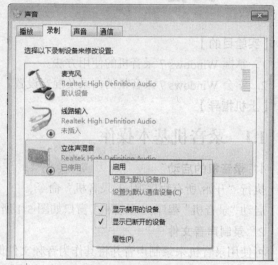

图 5-3   "声音"窗口　　　　　　　　　　图 5-4   "立体声混音"设置

2. 我们通过启用"立体声混音"设备已经实现了内录功能，但是如果麦克风的输入音量很小，我们录的音在播放时会听不见，为了提高输入音量，我们还需要做以下设置（主机上必须插入麦克风时才能进行步骤（2）的"麦克风"设置，否则无法显示"麦克风"选项）。

（1）执行"开始/控制面板"命令，然后选择"硬件和声音"选项，再启动"硬件和声音"选项里的"音频管理器"，如图 5-5 所示，弹出"音频管理器"窗口，手动将"高级"选项里的"立体声混音"更改为系统的默认设备。

（2）在"音量"选项卡中，如果"录制设备"中的"麦克风"的默认按钮不是选中状态，则需要把它选中。单击【高级】按钮，选择"麦克风"选项，在麦克风选项卡里把录制音量和播放音量调大一些，如图 5-6 所示。需要注意"录制音量"和"播放音量"不能设置为"静音模式"，否则录制的声音无法听见。

（3）立体声混音选项卡里的"录制音量"不宜过高，要不然录的音会感觉有爆破音。默认格式如果不是"16 位，44100Hz（CD 音质）"的请手动更改过来，这样就完成了内录及混音设置。

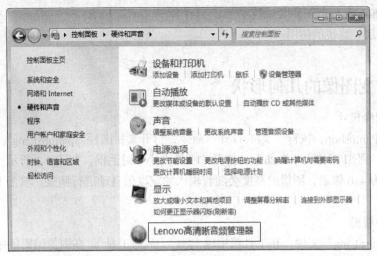

图 5-5　启动"音频管理器"

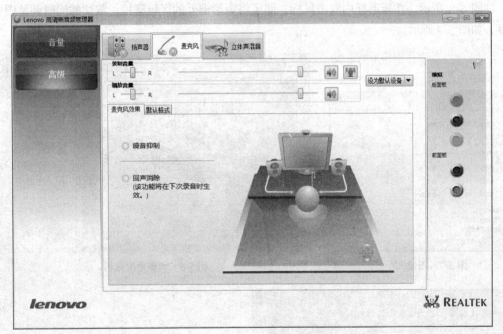

图 5-6　"麦克风"设置

【实验作业】

1. 录制一段 1 分 15 秒的声音，保存在桌面上，文件名为 noice1 音频文件。
2. 播放一段背景音乐，一边播放一边录制"静夜思"这首诗，文件名保存为"诗朗诵"。

实验二　使用 Photoshop CS 进行数字图像处理

【实验目的】

1. 掌握图像的基本编辑方法。

2. 掌握 Photoshop 的图像合成技术。

3. 学会图层、滤镜的使用。

【上机指导】

2.1 改变图像的几何形状

1. 改变图像尺寸

（1）启动 Photoshop，执行"文件/打开"命令，打开素材图片"picture1.jpg"。

（2）选择"图像/图像大小"命令，打开"图像大小"对话框，如图 5-7 所示。在对话框中输入图像的宽度为 440 像素，图像的高度会随着输入的宽度值自动进行调整，单击【确认】按钮，保存图像即可。

2. 图像的裁剪

打开"picture1.jpg"文件，在工具箱中单击 ℡（裁剪工具）。在图像编辑区中拖动鼠标确定要保留的范围。将鼠标放在矩形框的控制柄外侧，当鼠标呈弧形双向箭头时，拖动鼠标旋转矩形框，如图 5-8 所示。在矩形框内双击鼠标，即可将矩形框外的区域删掉，裁切的同时调整图像的角度，如图 5-9 所示。

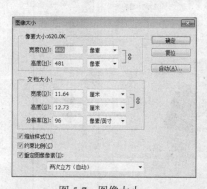

图 5-7　图像大小

图 5-8　调整角度裁切

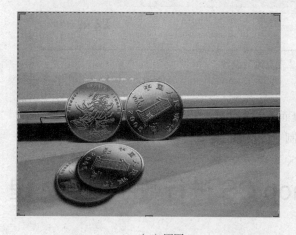

（a）原图

（b）调整后

图 5-9　裁切的比较

3．图形变换

打开素材图片"picture2.jpg"，利用 ▢（矩形选框工具）在图像上拖动建立一个选区（见图 5-10），选择"编辑/变换"命令对图像进行以下处理。

图 5-10　利用矩形选框工具建立选区

（1）选择"编辑/变换/透视"命令，制作梯形图像，如图 5-11（b）所示。

（2）选择"编辑/变换/斜切"命令，制作平行四边形图像，如图 5-11（c）所示。

（3）选择"编辑/变换/垂直翻转"命令，制作镜像效果，如图 5-11（d）所示。

（a）原图　　　　　（b）透视　　　　　（c）斜切　　　　　（d）垂直翻转

图 5-11　图形的变换效果

（4）选择"编辑/变换/旋转"命令，实现图像的旋转。

2.2　修复图像

1．去除照片上的污点——去除"人物 1.jpg"中儿童脸上的污点

（1）启动 Photoshop，执行"文件/打开"命令，打开素材图片"人物 1.jpg"，如图 5-12 所示。

（2）选择工具箱中的 🔍（缩放工具），在工具属性栏上选择 🔍（放大），在图像编辑窗口上单击两次放大工具把图像放大，以方便去除图 5-13 中儿童脸上的污点。

（3）选择工具箱中的 🖉（修复画笔工具），在工具属性栏中单击"点按可打开'画笔'选取器"下拉按钮 ▾，弹出"画笔"面板，设置画笔大小为 5 像素，如图 5-14 所示。

图 5-12 "人物 1"素材

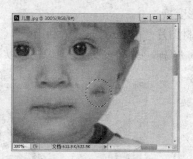

图 5-13 图片放大后的效果

图 5-14 "画笔"面板

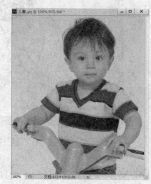

图 5-15 修复后的效果

（4）移动鼠标指针至儿童图像编辑窗口，按住"Alt"键的同时，在儿童脸部需要修复的位置附近单击鼠标左键进行取样，释放"Alt"键，确认取样。

（5）在儿童脸部的污点上单击鼠标左键并拖曳，释放鼠标左键，修复图像。

（6）用与上面同样的方法进行取样直到把脸上的污点完全擦除并且颜色和脸上其他部分的颜色很接近，然后双击工具面板中的 🔍（缩放工具）即可把图像恢复到原来的尺寸，擦除儿童脸部污点后的图像效果如图 5-15 所示。

2．去除照片中的物体——去除"人物 2.jpg"中红色的气球

（1）执行"文件/打开"命令。打开素材图片"人物 2.jpg"，如图 5-16 所示。

（2）选取 📍（仿制图章工具），展开"画笔预设"选取器，设置"大小"为 18 像素，如图 5-17 所示。

图 5-16 "人物 2"素材

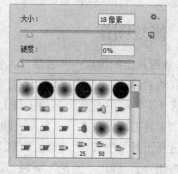

图 5-17 "画笔预设"选取器

（3）按住"Alt"键的同时，在图像编辑窗口中，在气球图像的上方单击鼠标左键进行取样，释放鼠标确认取样。

（4）将鼠标指针移至气球图像上，单击鼠标左键并轻轻拖曳，鼠标涂抹过的区域则被取样的图像颜色替换。

（5）用与上面同样的方法进行取样，把气球和女孩接触的边缘之外的部分完全擦除，处理后的图像效果如图 5-18 所示。

（6）在"画笔预设"选取器中，设置"大小"为 5 像素，设置描边的不透明度为 50%，用与上面同样的方法进行取样，把气球和女孩接触的边缘部分擦除，处理后的图像效果如图 5-19 所示。

图 5-18　涂抹完成后的效果

图 5-19　修复后的效果

（7）选择"文件/存储为"，输入文件名，单击【保存】按钮即可。

2.3　合成图像

1. 启动 Photoshop，执行"文件/打开"命令。打开素材图片"小狗.jpg"和"人物 1.jpg"，见图 5-20 和图 5-21。

图 5-20　"小狗"素材

图 5-21　"人物 1"素材

2. 通过 ▭（矩形选框工具）在儿童头像上选取一部分，按"Ctrl+C"组合键进行复制，在"小狗"图像上按"Ctrl+V"组合键进行粘贴，这时在图层面板上增加了"图层 1"，把图层 1 的不透明度改为 50%。按"Ctrl+T"组合键进行自由变换，把头像调整到合适的大小，并把儿童头像移动至"小狗"图像的右侧，按"Ctrl+Enter"组合键确认变换，如图 5-22 所示。

3. 选择工具箱中的 ✎（橡皮擦工具），画笔大小设为 13 像素，在儿童头像周围单击鼠标左键并拖曳，擦除儿童头像外

图 5-22　合成后的效果

侧多余的部分，效果如图 5-23 所示。

4. 把图层 1 的不透明度改为 100%，选择 ✐（橡皮擦工具），把画笔大小设为 10 像素，画笔不透明度设为 50%，在儿童头像边缘进行涂抹，完成后的图像效果如图 5-24 所示。

图 5-23　擦除多余部分后的效果　　　　　　　　图 5-24　图片合成后的效果

5. 选择"文件/存储为"，输入文件名，单击【保存】按钮即可。

2.4　色彩调整和滤镜的使用

1. 图像的色彩调整

（1）调整亮度/对比度。打开素材图片"风景.jpg"，执行"图像/调整/亮度/对比度"命令，调整三角滑块的位置，如图 5-25 所示。调整照片明暗程度如图 5-26 所示。

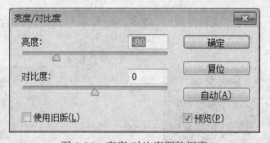

图 5-25　亮度/对比度调整幅度

（a）原图　　　　　　　　　　　　　　（b）调整后

图 5-26　用亮度/对比度调整图像的明暗程度

（2）反相。打开素材图片"picture3.jpg"，执行"图像/调整/反相"命令，可以得到负片效果，如图 5-27 所示。

（a）原图 （b）调整后

图 5-27 反相得到负片效果

2. 滤镜的使用

（1）马赛克效果

打开素材图片"人物 1.jpg"，执行"滤镜/像素化/马赛克"命令，把"单元格大小"设为 15，单击【确定】按钮，效果如图 5-28 所示。

（a）原图 （b）调整后

图 5-28 马赛克效果

（2）模糊类滤镜

打开"picture4.jpg"文件，执行"滤镜/模糊/径向模糊"命令，弹出"径向模糊"对话框，将数量设置为 16，"模糊方法"选择缩放，如图 5-29 所示。可以得到图像的径向模糊效果，如图 5-30 所示。

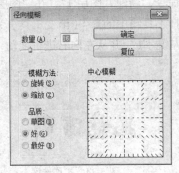

图 5-29 模糊类滤镜

（a）原图　　　　　　　　　　　　　　　（b）调整后

图 5-30　径向模糊效果

2.5　制作艺术字

1. 启动 Photoshop，执行"文件/新建"命令。宽度设为 10 厘米，高度设为 8 厘米，颜色模式为 RGB 颜色，背景设为白色。

2. 选取 T.（横排文字工具），在工具属性栏中设置字体为"华文行楷"，字体大小为"60 点"，文本颜色为"蓝色"。在图像编辑窗口中输入"儿童百科"，按"Ctrl+Enter"组合键确定输入，用 ▶+（移动工具）把文字移动至合适的位置，效果如图 5-31 所示。

3. 选中"儿童百科"图层，单击"图层/图层样式/渐变叠加"命令，弹出"图层样式"对话框，单击"渐变"选项右侧的下拉箭头，在渐变拾色器面板中选择文字渐变的颜色，然后在"图层样式"对话框左侧选中"描边"复选框，单击【确定】按钮，效果如图 5-32 所示。

图 5-31　输入文字　　　　　　　　　　图 5-32　为文字添加渐变色及描边效果

4. 选中"儿童百科"图层，执行"选择/载入选区"，弹出"载入选区"对话框，保持默认设置，单击【确定】按钮，载入选区，效果如图 5-33 所示。

5. 执行"选择/修改/扩展"命令，弹出"扩展选区"对话框，设置"扩展量"为 12，单击【确定】按钮，扩展选区，效果如图 5-34 所示。

6. 选择"图层/新建/图层"命令，新建"图层 1"，在"图层 1"上按住鼠标左键不放，将其拖到"儿童百科"图层下方，选择工具箱中的 ▣.（渐变工具）为扩展后的选区填充线性渐变色，在"儿童百科"4 个字上按住鼠标左键不放，并从左向右进行拖动，效果如图 5-35 所示，按"Ctrl+D"组合键取消选区。

图 5-33　载入选区　　　　　　　　图 5-34　扩展选区　　　　　　　图 5-35　填充渐变色

7. 选择"文件/存储",输入文件名,单击【保存】按钮即可。

【实验作业】

1. 打开"lianxi1.jpg"文件,对图片进行剪裁,并转动角度。调整后的效果如图 5-36 所示。

（a）原图　　　　　　　　　　　　　　　（b）调整后

图 5-36　剪裁图像

2. 打开"lianxi2.jpg"文件,对图片进行图形变换处理,作出"透视效果"、"斜切效果"及"水平翻转效果",如图 5-37 所示。

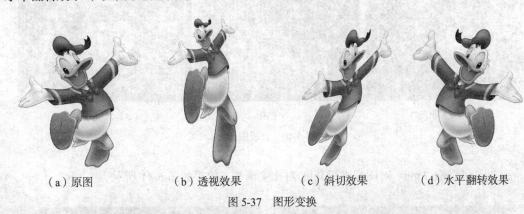

（a）原图　　　　　（b）透视效果　　　　（c）斜切效果　　　（d）水平翻转效果

图 5-37　图形变换

3. 打开"lianxi3.jpg"文件,去除儿童额头上的印记,处理后的效果如图 5-38 所示。

（a）原图　　　　　　　　　　　　　　　（b）处理后

图 5-38　修复图像

4. 打开"lianxi4.jpg"文件，去除图片中的椅子，处理后的效果如图 5-39 所示。

（a）原图 　　　　　　　　　　　　　　　（b）处理后

图 5-39　修复图像

5. 打开"lianxi5.jpg"和"lianxi6.jpg"文件，对图片进行合成处理，做成图 5-40 所示的效果。

（a）原图 1 　　　　　　　（b）原图 2 　　　　　　　（c）合成效果图

图 5-40　合成图像

6. 打开"lianxi7.jpg"对图像进行亮度/对比度调整，效果如图 5-41 所示。

（a）原图 　　　　　　　　　　　　　　　（b）调整后

图 5-41　图像亮度/对比度调整

7. 打开"lianxi8.jpg"对图像进行反相处理，效果如图 5-42 所示。

（a）原图　　　　　　　　　（b）调整后

图 5-42　图像反相处理

8. 打开"lianxi9.jpg"，对图像脸部进行马赛克处理，效果如图 5-43 所示。

（a）原图　　　　　　　　　（b）调整后

图 5-43　马赛克效果

9. 打开"lianxi10.jpg"对图像进行模糊滤镜操作，效果如图 5-44 所示。

（a）原图　　　　　　　　　（b）调整后

图 5-44　模糊滤镜效果

10. 制作一张名片，效果如图 5-45 所示。

（1）画布长为 15 厘米，宽为 12 厘米。

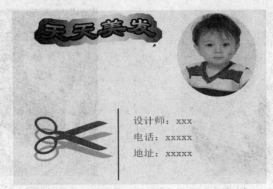

图 5-45　名片

（2）画布背景填充为淡黄色。

（3）"天天美发" 4 个字的样式为波浪形（用 "文字/文字变形" 命令完成），颜色填充为渐变色。

（4）竖线和剪刀都是用 Photoshop 自定义形状完成的，把第二个剪刀图层的不透明度改为 50%，便成了如图 5-45 所示的半透明效果。

实验三　使用 Flash 进行动画处理

【实验目的】

1. 熟悉 Flash 的操作界面，掌握基本操作。

2. 掌握 Flash 中利用绘图工具绘制图形的操作。

3. 掌握 Flash 动画的基本制作方法。

【上机指导】

3.1　逐帧动画——制作飞鸟

1. 启动 Flash 软件，新建一个 actionscript 3.0 的文件。执行 "文件\导入\导入到库" 命令，将素材中鸟的 4 幅图像导入 "库" 面板中，然后把 "bird1.jpg" 元件从 "库" 面板拖曳到舞台上，如图 5-46 所示。

图 5-46　将 "鸟" 图像导入到 "库" 面板中

2．选中时间轴上的第 2 帧，并按"F7"键插入空白关键帧。把"bird2.jpg"元件从库中拖曳到舞台上，如图 5-47 所示。

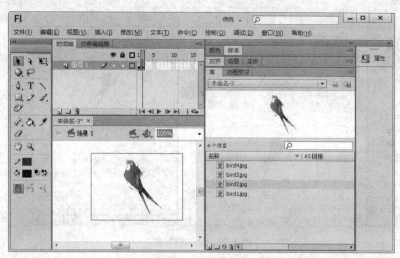

图 5-47　把"bird2.jpg"元件从库中拖曳到舞台

3．重复第 2 步，先在第 3 帧和第 4 帧处插入空白关键帧，再把"bird3.jpg"、"bird4.jpg"元件拖曳到第 3 个和第 4 个空白关键帧的舞台上。

4．选中第 2 个关键帧，接着按下时间轴面板下方的 📄（绘图纸外观）按钮。此时，播放磁头两旁会出现代表绘画纸作用范围的灰色部分与圆形控制按钮，并在舞台上显示出作用范围里面的图片。其中舞台上最清晰、不透明的图像是当前帧的画面，半透明的图像是前后关键帧的画面。把代表绘画纸作用结束点的控制按钮往右拖曳到第 4 帧处，让 4 张鸟的图片都在舞台上显示出来，如图 5-48 所示。

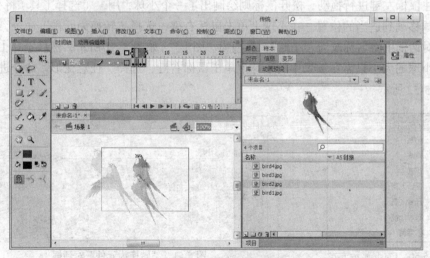

图 5-48　显示帧画面

5．单击时间轴面板下方的 ⬚（绘图纸外观轮廓）按钮，则舞台上将具有"绘图纸外观"的帧显示为轮廓，如图 5-49 所示。单击时间轴上的第 2 帧，把舞台上第 2 帧所表示的鸟的图片移到和第 1 帧鸟的图片重合的位置。用同样的方法，把第 3 帧和第 4 帧所表示的鸟的图片移到和第一帧鸟的图片重合的位置。

图 5-49 显示帧轮廓

6. 选择"控制\循环播放"，再选择"控制\播放"即可观看效果。
7. 选择"文件"菜单下的"另存为"，输入文件名后单击"保存"即可。

3.2 运动动画——制作一个运动的小球

1. 先绘制一个小球

启动 Flash 软件，新建一个 actionscript3.0 的文件，并将图层 1 改名为小球。把 Flash 的显示方式设为"传统"，如图 5-50 所示。单击工具箱中的 （椭圆工具），在属性面板中将填充颜色设为渐变的绿色，笔触颜色为白色，在白色背景的舞台上绘制小球的地方，按住"Shift"键的同时按住鼠标左键进行拖动，松开鼠标则绘制出了一个小球，用 （选择工具）将小球选定，然后把小球移动到适当的位置。在小球上单击鼠标右键，选择"转换为元件"命令，在"转换为元件"对话框中将名称改为"小球"，类型为"图形"，如图 5-51 所示，然后选择【确定】按钮。改变小球的大小只需在场景中的小球上单击鼠标右键，选择"任意变形"命令进行调整即可，如图 5-52 所示。

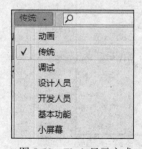

图 5-50 Flash 显示方式

图 5-51 "转换为元件"对话框

2. 添加运动引导层

在小球所在的图层上单击鼠标右键，在弹出的快捷菜单中选择"添加传统运动引导层"，则在图层面板中增加了一个引导层。在引导层的第一帧处单击鼠标左键，然后在工具面板中选择 （线条工具），把笔触颜色改为黑色，在舞台上绘制出小球的运动轨迹，如图 5-53 所示。

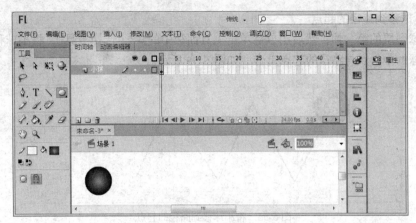

图 5-52　绘制小球

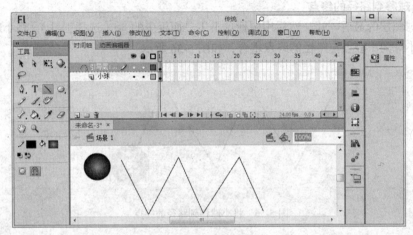

图 5-53　绘制小球的运动轨迹

3. 制作小球的补间动画

在引导层的第 30 帧处单击鼠标右键，在下拉菜单中选择"插入帧"，然后在小球层的第 30 帧处单击鼠标右键，在下拉菜单中选择"插入关键帧"，在小球层的第 1 帧处单击右键选择"创建传统补间"，效果如图 5-54 所示。

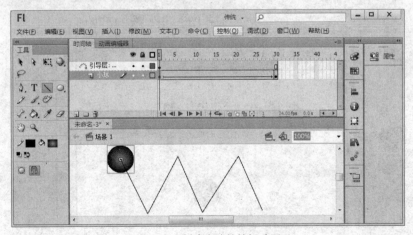

图 5-54　创建小球的补间动画

4. 将小球移到路径的起点

点击小球图层的第一帧，然后用鼠标单击工具面板中的 ▶ （选择工具），将小球移到路径的起点。让小球的中心点与路径的起点重合，如图 5-55 所示。

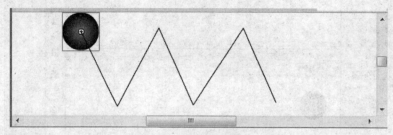

图 5-55　将小球移到路径的起点

5. 将小球移到路径的终点

点击小球图层的最后一帧，然后用鼠标单击工具面板中的 ▶ （选择工具），将小球移到路径的终点。让小球的中心点与路径的终点重合，如图 5-56 所示。

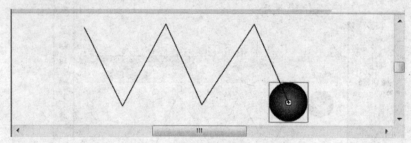

图 5-56　将小球移到路径的终点

6. 测试效果

单击"控制"菜单下的"播放"可以看到小球沿着轨迹运动，或者选择"控制/测试影片/测试"命令观看效果，效果如图 5-57 所示。测试发现动画执行速度过快，原因有两点：一是帧频过快，二是动画帧数太少。可以将时间轴上的红色播放头移动到第 10 帧处，然后按住"F5"键不放，这样可以插入多个帧，插入的帧数越多，动画播放的速度越慢。

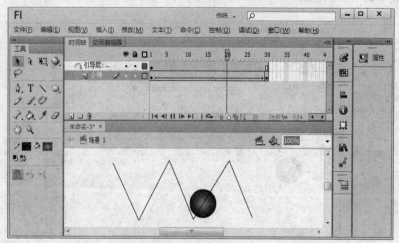

图 5-57　测试效果图

7. 选择"文件"菜单下的"保存"即可将文件保存为扩展名为.fla 的 Flash 文档。

3.3　形变动画——制作一个由椭圆形渐变为字的动画

1. 启动 Flash 软件，新建一个 actionscript3.0 的文件，在舞台上单击鼠标右键选择"文档属性"，弹出"文档设置"对话框，把背景颜色设为黄色（#FFFF66），单击【确定】按钮即可。单击工具面板中的 ◯（椭圆工具），在颜色面板中将笔触颜色设为红色（#FF0000），填充色也设为红色，在舞台上按住鼠标左键进行拖动，松开鼠标即绘制出了一个红色的椭圆，如图 5-58 所示。

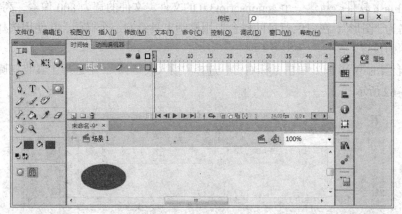

图 5-58　绘制一个椭圆

2. 在时间轴的第 30 帧处单击鼠标右键，在快捷菜单中选择"插入空白关键帧"，然后在工具面板中选择 **T**（文本工具），在舞台上输入"形变动画"4 个字，用鼠标把这 4 个字选上，然后选择"文本/字体/方正姚体"，选择"文本/大小/48"，字体填充颜色设为蓝色（#0000FF）。用工具面板中的选择工具把这 4 个字移动到舞台上适当的位置，如图 5-59 所示。

图 5-59　输入文字

3. 单击"修改"菜单，选择下拉菜单下的"分离"，将整行字拆为单字，效果如图 5-60 所示。

4. 单击"修改"菜单，选择下拉菜单下的"分离"，将单字拆为字形，效果如图 5-61 所示。

5. 将鼠标移到时间轴的第 1 帧处单击右键，选择"创建补间形状"。

6. 单击"控制"菜单下的"播放"选项即可观看播放效果。

7. 保存文件。

形变动画　　　　　形变动画

图 5-60　第一次"分离"效果 　　　　　图 5-61　第二次"分离"效果

3.4　遮罩动画的制作

1. 启动 Flash 软件，新建一个 actionscript3.0 的文件，文件的宽为 800 像素，高为 500 像素。将图层重命名为"图形"，在白色背景的舞台上用椭圆工具绘制一个椭圆，并使用选择工具将其移动到运动开始的位置。

2. 在图形层的第 40 帧处单击鼠标右键，选择"插入关键帧"，用选择工具将椭圆移动到结束位置，如图 5-62 所示。

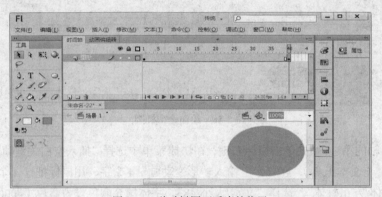

图 5-62　移动椭圆至适当的位置

3. 把鼠标移到时间轴的第 1 帧，单击鼠标右键打开快捷菜单，选择"创建传统补间"，这时会发现从第 1 帧到第 40 帧处有一个实线的箭头指示，表示创建补间动画完成。

4. 在图形层上单击鼠标右键，选择"插入图层"，这时在图形层上多了个图层 2，把图层 2 重命名为"背景"，按回车键完成重命名，选择"文件/导入/导入到舞台"，选择素材图片"遮罩层图片.jpg"，然后单击【确定】按钮，则在舞台上导入了刚才所选择的图片，如图 5-63 所示。

图 5-63　导入图片

5. 调整图层顺序。在图层操作区，在背景层上按下鼠标左键不放，把背景层拖到图形层的下方，然后松开鼠标左键，这时将背景层拖到了图形层的下面。

6. 在图形层上单击鼠标右键，在下拉菜单中选择"遮罩层"，这时把图形层设为遮罩层。

7. 选择"控制"菜单下的"播放"或者选择"控制/测试影片/测试"观看效果，效果如图 5-64所示。

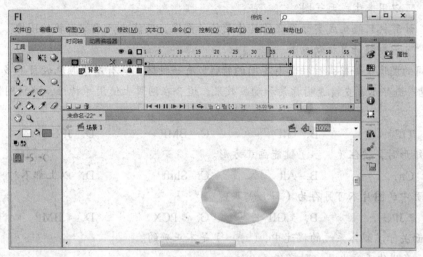

图 5-64　遮罩动画效果

【实验作业】

1. 采用逐帧动画的制作方法制作一个奔跑的人（用素材图片 boy1.jpg～boy8.jpg 来制作）。

2. 制作小球沿直线运动的动画。

3. 制作一个由三角形渐变为"欢迎光临" 4 个字的动画。

4. 制作文字淡入淡出效果的动画（参照遮罩动画的制作方法，把遮罩动画制作中的椭圆换成文字），动画测试效果如图 5-65 所示。

图 5-65　文字淡入淡出效果

测试题

一、选择题

1. 以下文件类型中，不属于音频文件的是（　　　）。

    A．avi   B．wav   C．mp3   D．midi

2．可以为一种元素设置（　　　）动画效果。

    A．一种   B．不多于两种   C．多种   D．以上都不对

3．下列关于计算机合成图像（计算机图形）的应用中，错误的是（　　　）。

    A．可以用来设计电路图

    B．可以用来生成天气图

    C．计算机只能生成实际存在的具体景物的图像，不能生产虚拟景物的图像

    D．可以制作计算机动画

4．不同的图像文件格式往往具有不同的特性，有一种格式具有图像颜色数目不多、数据量不大、能实现累进显示、支持透明背景和动画效果、适合在网页上使用等特性，这种图像文件格式是（　　　）。

    A．TIF   B．GIF   C．BMP   D．JPEG

5．画矩形时，按住（　　　）键能画正方形。

    A．Ctrl   B．Alt   C．Shift   D．以上都不对

6．网页中的图片不可另存为（　　　）。

    A．*.JPG   B．*.GIF   C．*.PCX   D．*.BMP

7．下面关于多媒体系统的描述中，（　　　）是不正确的。

    A．多媒体系统也是一种多任务系统

    B．多媒体系统的最关键技术是数据压缩与解压缩

    C．多媒体系统只能在微机上运行

    D．多媒体系统是对文字、图形、声音、活动图像等信息及资源进行管理的系统

二、填空题

1．英文缩写 CAD 的中文意思是（　　　）。

2．显示器的点距为.28，其含义是屏幕上相邻两个（　　　）之间的距离为 0.28mm。

3．显示器所显示的信息每秒钟更新的次数称为（　　　）。

三、判断题

1．超级解霸、Windows 都是多媒体操作系统。（　　　）

2．声卡在完成数字声音的编码、解码及声音编辑中起着重要作用。（　　　）

3．GIF 格式的图像是一种在因特网上大量使用的数字媒体，一幅真彩色图像可以转换成质量完全相同的 GIF 格式的图像。（　　　）

4．声音获取设备包括麦克风和声卡，声卡的作用是将声波转换为电信号。（　　　）

5．声卡的主要功能是播放 VCD。（　　　）

6．声音、图像、文字均可以在 Windows 的剪贴板暂时保存。（　　　）

7．文字、图形、图像、声音等信息，在计算机中都被转换成二进制数进行处理。（　　　）

8．多媒体电脑就是价格较贵、专供家庭娱乐的电脑。（　　　）

9．多媒体个人计算机的英文缩写是 APC。（　　　）

10．多媒体计算机应使用防磁音箱。（　　　）

第6章
计算机网络

实验一　组建一个小型局域网

【实验目的】

1. 学习网线的制作方法。
2. 掌握 TCP/IP 协议主要参数（网卡的型号、MAC 地址、IP 地址、默认网关）的设置方法。
3. 熟悉网络测试命令 Ping 的用法。
4. 掌握在局域网中建立共享的方法。
5. 掌握工作组的设置方法。

【实验工具和准备】

适当长度的双绞线、一个 HUB（集线器）或交换机、RJ-45 头（俗称"水晶头"）若干；一块 RJ-45 接口的网卡、网线钳一把、测试仪一个。

【上机指导】

1.1　制作网线

1. 网线的制作

双绞线网线用来连接网卡与集线器，制作非常简单，就是把 4 对 8 芯网线按一定规则插入水晶头中，所需工具只是一把网线钳。

① 取一段长度适中的双绞线，用剥线钳（见图 6-1）把双绞线一端剪齐，放入剥线缺口中，剥去外皮大约 2cm。

② 剥除外皮后出现双绞线网线的 4 对 8 条芯线。如图 6-2 所示，将 4 对线呈扇状排列，使 8 条线按照顺时针从左到右依次为"橙白、橙、绿白、蓝、蓝白、绿、棕白、棕"。

③ 将 8 条线并拢后用剥线钳剪齐，留出 14mm 的长度，将排列整齐的双绞线插入 RJ-45 头中，如图 6-3 所示（注意水晶头塑料扣的一面朝下，开口朝右），并放入剥线器对应的槽中，压紧 RJ-45 接头即可。

④ 重复步骤①～步骤③，压好另一端的 RJ-45 接头，一条网线的制作就完成了。

2. 网线的测试

① 将双绞线的两端插头分别插到测试仪器上，打开测试仪器的电源开关。

② 观察测试仪器的测试结果，如果测试仪上的 8 个指示灯都依次绿灯闪过，证明网线制作成

功。如果出现任何一个灯为红灯或黄灯，说明存在短路或接触不良现象。此时最好先把两端水晶头再用网线钳压一次，再测，如果故障依旧，剪掉一端水晶头，重新制作水晶头。反复测量，直到成功为止。

图 6-1　剥线钳

图 6-2　剥线完成后的双绞线

图 6-3　RJ-45 水晶头

1.2　配置网络计算机

1．安装网卡和标识计算机

网络中的计算机是通过网卡、网线和集线器等网络设备连接在一起实现互相通信的，每台计算机都有自己的标识（计算机名称），以方便区别。

① 安装网卡。现在的 Windows 操作系统中集成了各种常见的网卡驱动，所以网卡的驱动非常简单。在正确安装网卡之后（多数主板是集成网卡），无须手动配置，系统会自动安装其驱动程序。将制作好的网线一头连到集线器，按下去听到"咔哒"一声即可，另一头连到计算机的网卡上。

② 标识计算机。鼠标右击【计算机】，在弹出的快捷菜单中选中"属性"，将打开"属性"对话框，在这里查看当前计算机的基本信息，如图 6-4 所示。

图 6-4　标识计算机

③ 更改计算机名。单击【更改】按钮可以更改计算机名和工作组。

　　　　联网的计算机需要一个共同的工作组名称，在同一个工作组内计算机名不能重复。如果修改了计算机名或工作组，系统需要重新启动后才能识别。

2. 配置网络协议

网络协议规定了网络用户之间进行数据通信的方式，网卡驱动安装完毕后，应该配置网络通信协议。

① 鼠标右击【网络】，在弹出的快捷菜单中选中【属性】，将打开如图 6-5 所示的"网络连接"窗口。

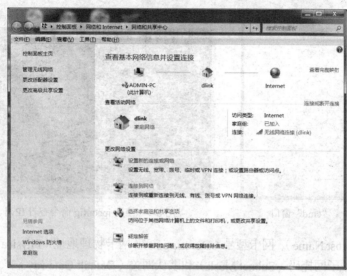

图 6-5　网络连接

② 在【网络连接】窗口中单击【更改适配器设置】命令，右键单击【本地连接】图标，选择【属性】命令，打开【本地连接 属性】对话框，在默认状态下，安装好网卡的 Windows 会自动安装 "Microsoft 网络客户端"、"Microsoft 网络的文件和打印机共享"和 "TCP/IP 协议"组件，如图 6-6 所示。

③ 双击 "Internet 协议版本 4（TCP/IPv4）"，打开 "Internet 协议版本 4（TCP/IPv4）属性"对话框，如图 6-7 所示。使用 TCP/IPv4 协议时，需要为每台主机分配一个工作组中唯一的 IP 地址。如果局域网中的计算机是通过其他的计算机连接 Internet，可以选择"自动获取 IP 地址"，也可以制定 IP 地址。

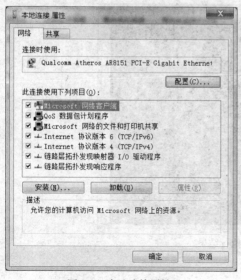

图 6-6　本地连接属性

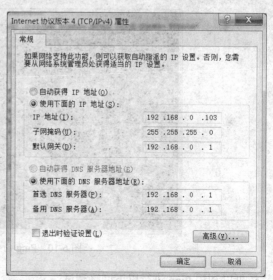

图 6-7　TCP/IPv4 协议

1.3 使用 Ipconfig 命令查询主机的网络配置

对于接入网络中的计算机可以通过 Windows 下的 Ipconfig 命令查看其网络配置情况。

单击【开始】按钮，在搜索框中输入"cmd"，如图 6-8 所示。按回车键，进入 DOS 界面，在"命令提示符"后输入命令 ipconfig/all，将显示出本机的网络配置，如图 6-9 所示。

图 6-8 "cmd"窗口

图 6-9 使用 ipconfig 命令查看 IPv4 地址

包括主机名（Host Name）、网卡型号（Description）、网卡物理地址（Physical Address）、IPv4 地址（IP Address）、子网掩码（Subnet Mask）和默认网关（Default Gateway）。

1.4 Ping 命令测试网络的连通性

1. 使用 ping 命令测试 TCP/IP 安装是否正常

单击【开始】按钮，在搜索框中输入"cmd"，进入 DOS 界面，在"命令提示符"后敲入 Ping 127.0.0.1 命令，如果出现如图 6-10 所示的信息，则说明计算机上已经安装了 TCP/IP 协议，并且配置正确。如果无法 Ping 通（显示："Request timeout"），说明网络协议设置有问题，重新安装、配置 TCP/IP 协议即可。

图 6-10 Ping 命令执行结果

还可以利用 Ping 进行以下网络测试。

2. Ping 本机 IP 验证网卡是否工作正常

如果 Ping 通了本机 IP 地址，则说明网卡工作正常；不通，则说明网卡出现故障，需检查计算机的网卡及驱动或是 IP 地址是否有效等。以 Ping 本机 IP 地址 192.168.0.103 为例，如图 6-11 所示。

图 6-11　Ping 本机 IP 检测网络配置

3. Ping 同网段计算机的 IP 地址或网关地址

Ping 一台同网段计算机的 IP 或 Ping 网关地址，验证本地计算机能否与本地网络的其他计算机进行通信。如果 Ping 不通，可以检查计算机和集线器的 RJ-45 头是否插好或者更换一根双绞线再试。

4. Ping 远程主机 IP 地址

Ping 远程主机 IP 地址如 www.sohu.com.cn 可以验证本机能否通过路由与外网中的计算机进行通信。

1.5　实现资源共享

使用 Windows 7 的家庭组可以更轻松地与家里或办公室的人们共享文档、音乐、照片及其他文件。

1. 创建家庭组

① 查看网络类型

打开"网络和共享中心"窗口，在窗口中的"查看活动网络"区域，可以查看用户网络是否是家庭网络，如图 6-12 所示。

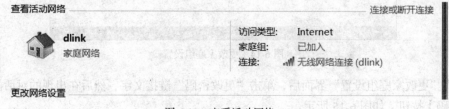

图 6-12　查看活动网络

② 创建家庭组

如果用户当前的网络类型不是家庭网络，可以选择图中的【家庭网络】选项，打开"设置网络位置"对话框，并选择【家庭网络】选项，如图 6-13 所示。

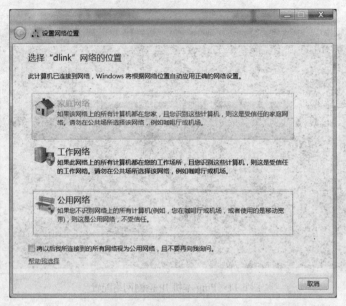

图 6-13　设置网络位置

③ 更改家庭组密码

在创建家庭组时，系统会随机生成一个验证密码，如果觉得密码难记，可以修改成其他密码，具体步骤如下：

打开资源管理器窗口，在"家庭组"选项单击鼠标右键，在快捷菜单中选择"更改家庭组设置"命令，如图 6-14 所示。

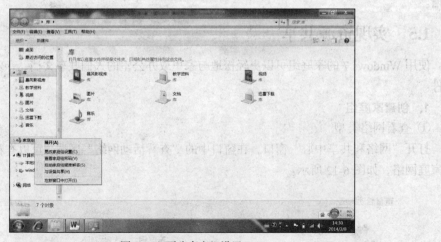

图 6-14　更改家庭组设置

出现"更改家庭组设置"界面后，单击"更改密码"链接文字，然后在出现的对话框中单击【更改密码】按钮，如图 6-15 所示。

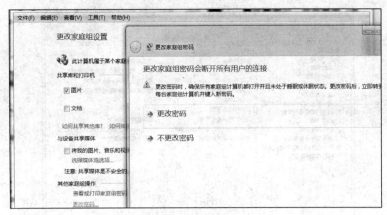

图 6-15 更改密码

出现"输入家庭组的新密码"对话框后，输入新密码，如图 6-16 所示。单击【下一步】按钮，然后在出现的"更改家庭组密码成功"对话框中单击【完成】按钮即可，如图 6-17 所示。

图 6-16 查看旧密码　　　　　　　　　　　图 6-17 输入新密码

④ 加入家庭组

只要拥有家庭组的验证密码，其他网络用户就可以加入此家庭组。共享该家庭组中成员的资源。

2. 共享本地资源

① 在 D 盘的根文件夹下创建一个新的文件夹，命名为"share"，并在此文件夹下创建一个 Word 文档。

② 本地安全设置。

单击【开始】按钮，在搜索框中输入"本地安全策略"，将打开"本地安全设置"窗口，如图 6-18 所示。选择窗口左侧的【本地策略】/【安全选项】，将右侧窗口中的"网络访问：本地账户的共享和安全模型"设置为"经典-对本地用户进行身份验证，不改变其本来身份"，如图 6-19 所示。

在"share"文件夹上单击鼠标右键，在弹出的菜单中选择"属性"命令，打开"Share 属性"对话框，如图 6-20 所示。选择"共享"选项卡，出现"文件共享"界面后，选择可以访问此共享资料的用户名称（这里选择 everyone 匿名用户也可访问），如图 6-21 所示。随后添加共享的用户名称，并在出现的下拉菜单中选择该用户对共享资料的访问权限（见图 6-22）完成后单击【共享】按钮，完成设置，如图 6-23 所示。

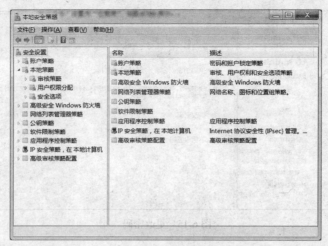

图 6-18　本地安全策略窗口

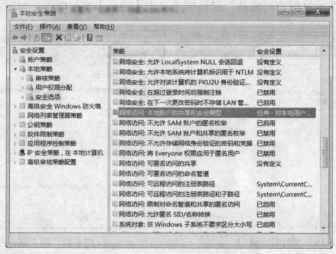

图 6-19　本地安全策略设置

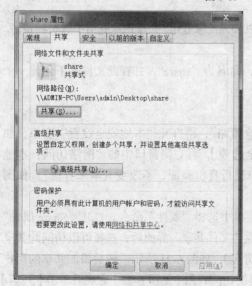

图 6-20　属性对话框

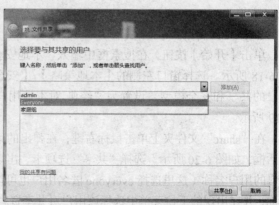

图 6-21　设置共享文件夹

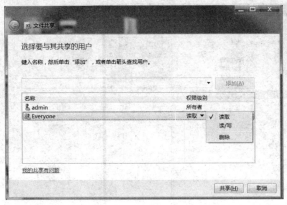 

图 6-22　设置访问权限　　　　　　　　　图 6-23　设置完成

3. 共享所用机器的硬盘。

在驱动器 D 盘上右击，选中【属性】/【共享】/【高级共享】命令，设置同上。

4. 管理共享

① 查看已创建的共享文件夹。

右键单击桌面上的【计算机】，在快捷菜单中选择"管理"命令，打开"计算机管理"对话框，如图 6-24 所示。

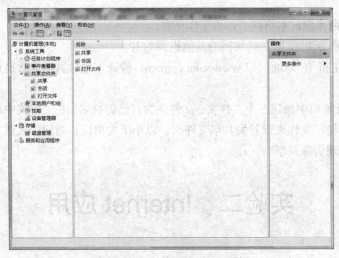

图 6-24　"计算机管理"对话框

在左侧窗格中单击"共享文件夹"命令，右侧窗格中选择"共享"命令，即可查看本机的共享文件，如图 6-25 所示。

② 删除共享。

要删除共享文件，只需在共享文件夹上右击，选中"共享"菜单项，单击"共享"选项卡，然后选择"不共享"命令，单击【确定】按钮后该文件夹就不在局域网上共享了。

【实验作业】

以下实验将窗口截图写入实验报告中。

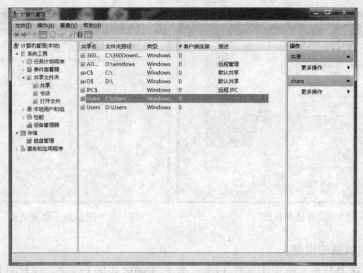

图 6-25　查看共享

组建一个对等网并测试网络连通性。要求写出组建网络和配置网络的过程。

1．写出配置 TCP/IP 的方法。

2．使用网络命令测试出本地计算机的主机名、IP 地址、子网掩码地址、DNS 地址、网卡的 MAC、网关地址。

3．利用 Ping 命令测试本机网卡是否工作正常。

4．利用 Ping 命令 Ping 所在局域网的其他机器的 IP。

5．Ping 远程主机 IP 地址，如 www.sohu.com.cn，验证本地计算机能否通过路由器与外网中计算机进行通信。

6．在自己的计算机中新建一个文件夹，文件夹为自己的姓名，在文件夹中放一个图片文件和一个 Word 文件，将该文件夹设置为共享文件夹，以小组为单位，指定一人建立家庭组，其他人加入该家庭组，实现资源共享。

实验二　Internet 应用

【实验目的】

1．掌握 IE8 浏览器和搜索引擎的使用。

2．使用 FTP 完成文件上传与下载。

3．掌握电子邮件的使用。

4．使用 QQ 发送和接收文件。

【上机指导】

2.1　IE8 浏览器的使用

IE8 浏览器可以通过单击任务栏上的 图标打开；也可以单击【开始】按钮，在"所有程序"菜单中选择"Internet Explorer"选项打开，如图 6-26 所示。打开后，便可以访问英特网上的网站了。

图 6-26 浏览网页

1．设置主页

主页是每次打开 IE 浏览器时最先显示的页面。一般选择一个经常浏览的网页或者自己最喜欢的网站作为首页。

启动 IE 浏览器，选择菜单【工具】/【Internet 选项】命令，弹出如图 6-27 所示的 "Internet 选项" 对话框，在 "常规" 选项卡 "地址" 文本框中输入 "www.baidu.com"，单击【确定】按钮完成设置。再次打开 IE 浏览器，可以直接访问刚设置的主页。

2．收藏夹的使用

利用收藏夹可以将常用或者很经典的站点收集起来，方便以后查找和使用。在浏览过程中如果发现了一个好站点，可以立即将它添加到收藏夹中，方法如下。

① 单击 "收藏" 菜单中的 "添加到收藏夹" 选项，弹出 "添加到收藏夹" 对话框，如图 6-28 所示。

② 在名称栏中输入该页面的重新命名，便于以后查找。

③ 如果想在脱机状态下浏览网页，可以单击 "允许脱机使用" 复选框。

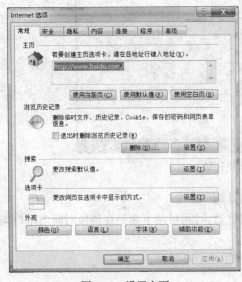

图 6-27 设置主页

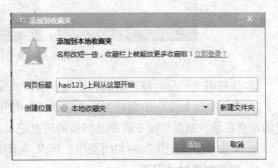

图 6-28 "添加到收藏夹" 对话框

④ 如果收藏夹中收藏的站点过多，不利于查找和使用，这时就要对收藏夹中的站点进行整理。

在收藏菜单中选择"整理收藏夹"命令，出现一个"整理收藏夹"对话框，如图 6-29 所示。

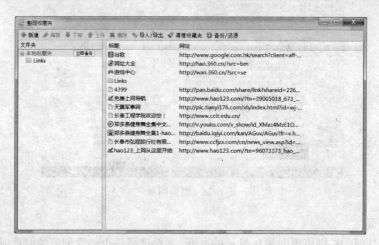

图 6-29　整理收藏夹

通过"整理收藏夹"命令，可以对收藏夹中的站点文件做导入/导出、清理收藏夹、备份还原文件等操作。

3. 查看历史记录

在 IE8 浏览器中，历史记录记载了用户在最近一段时间内浏览过的网页标题。通过查询这些历史记录，可以快速找到曾经访问过的信息。

① 在工具栏上单击【查看历史记录】按钮，在浏览区的左侧出现"历史记录"栏，如图 6-30 所示。

图 6-30　查看历史记录

② 选择历史记录的排序方式，比如，选择"按日期"命令。

③ 在浏览区的左侧出现按时间顺序排列的时间目录，时间目录下面是在该段时间内用户浏览过的站点目录，站点目录下面则是网页的历史记录。

④ 单击"历史记录"的关闭按钮，可以 关闭"历史记录"栏。

4. 保存浏览过的网页

用户在浏览网页时，经常会遇到大量的图片、背景和文字。如果想要把感兴趣的整个页面或页面中的某一部分保留下来，便于将来使用或与他人共享，可以将网页的全部或部分内容保存起来，也可单独保存某些网页中的图片。启动 IE 浏览器，在浏览器窗口地址栏中输入"www.baidu.com.cn"网址，回车后就可进入百度网站主页。查找"乔布斯十大经典语录"，打开相关网页。

① 保存网页。

单击【页面】按钮，在其下拉菜单中选择"另存为"命令，如图 6-31 所示，打开"保存网页"对话框。

图 6-31 保存页面

指定保存页面文件的目录，然后输入文件名称，在"保存类型"下拉菜单选择一种网页格式，单击【保存】按钮即可，如图 6- 32 所示。

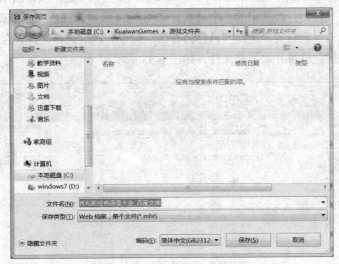

图 6-32 设置保存参数

② 保存网页中的图片。

在网页中找到你喜欢的图片，在图片上单击鼠标右键，选择快捷菜单中的"图片另存为"命令。在"保存图片"对话框中选择保存路径并输入文件名，然后单击【保存】按钮，完成图片保存，如图 6-33 所示。

图 6-33　保存图片

2.2　文件下载

网络上有许多共享资源，可以免费下载和使用。我们不仅可以利用 IE 浏览器下载，也可以利用专门的下载工具进行网络文件的下载。

1.　利用 IE 浏览器下载

IE 浏览器本身具有文件下载功能，只需要在下载文件的超链接处单击鼠标右键，在弹出的菜单中选择"目标另存为"，选择文件的存放位置，就可以下载文件。例如要下载"迅雷"软件，操作步骤如下。

打开 IE 浏览器，打开"百度"搜索引擎，在搜索栏中输入"迅雷"并回车，这时百度会搜索出很多相关的网页文件。打开其中的一个网页，如图 6-34 所示。在该页面中提供了很多超链接，选择其中一个，单击鼠标右键，选择"目标另存为"命令，然后选择文件保存的目录，输入文件名，单击【保存】按钮就可开始下载文件，如图 6-35 所示。

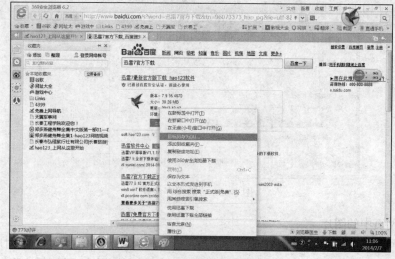

图 6-34　提供下载的页面

图 6-35　浏览器下载

2. 利用下载工具下载

利用 IE 浏览器虽然简单易行，但是传输速度慢，不支持断点续传。如果要下载的文件比较大，一旦下载过程中网络线路中断或主机出现故障，就会导致下载失败，只能重新下载。而下载工具一般都具有断点续传功能，允许用户在上次断线的地方继续传输。常用的下载工具有：360 安全下载中心、Thunder（迅雷）等。下面以"迅雷"为例，介绍如何通过下载工具进行下载。

（1）软件安装。在上面的例子中我们已经将"迅雷"下载到本地计算机。找到其存放的位置，双击该文件，将开始安装。安装过程中会要求我们遵守软件协议、选择安装位置等。

（2）在迅雷安装完成后，启动 IE 浏览器，在新打开的浏览器窗口，如用鼠标右键单击一个链接，将会出现"使用迅雷下载"选项，如图 6-36 所示。

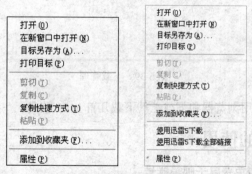

图 6-36　安装软件的比较

（3）使用"迅雷"下载网络文件。首先利用"百度"搜索引擎中的"音乐"搜索找到歌曲"玫瑰人生"的下载地址。用鼠标右键单击选择"使用迅雷下载"，如图 6-37 所示。此时"迅雷"将被激活，单击【立即下载】按钮将下载该文件，如图 6-38 所示。

（4）下载管理。对于下载中的文件，可以查看正在下载、已完成下载等信息。如果需要暂时中断，可以单击工具栏上的【暂停】按钮，任务将会暂时停止。当需要再次启动时，单击【开始】按钮将继续下载，如图 6-39 所示。

图 6-37　"百度"搜索到的歌曲地址

图 6-38　迅雷下载

图 6-39　下载管理

按照以上步骤分别利用浏览器和下载工具下载几首 MP3 歌曲。

2.3　电子邮件的使用

1. 在 Internet 上申请免费电子邮箱账号

在 Internet 有许多免费的邮件服务器供人们使用，现以申请新浪的免费邮箱为例，介绍申请方法和操作步骤。

① 启动 IE 浏览器，在浏览器窗口地址栏中输入"http://mail.sina.com.cn"，回车后进入新浪的免费邮箱登录页面，如图 6-40 所示。

② 单击【立即注册】按钮，进入图 6-41 所示的界面。输入用户名，假定用户名为"happy_wt1998"，确保输入的用户名是无人占用的，如果被人占用，需要重新输入。

③ 如果此用户名无人使用，填写完毕后，单击页面底部的【立即注册】按钮，若注册成功，你在"新浪"上便拥有了一个免费邮箱。

图 6-40　新浪免费信箱

图 6-41　选择用户名和密码

2. 利用免费邮箱收发电子邮件

① 启动 Internet Explorer 浏览器。在地址栏中输入"http://mail.sina.com.cn"，回车后进入"新浪"的免费邮箱登录页面。

② 在文本框中输入申请的用户名和密码，并单击【登录】按钮，如图 6-42 所示。

图 6-42　初次登录信箱

③ 若要接收邮件，单击左侧的【收件箱】按钮，将打开 "收件箱"。当成功申请免费信箱后，新浪会自动给用户发送一封邮件。如果想查看其内容，单击就可以打开。

④ 在电子邮件管理界面中，若要发邮件，单击左窗口中的【写信】按钮，在 "收件人" 框中输入收件人的邮件地址，在 "主题" 框中输入邮件的标题，在正文框中输入邮件的内容。

⑤ 如要添加附件，单击 "主题" 文本框下面的【添加附件】按钮，然后单击【浏览】按钮选择所要发送的文件。

⑥ 单击【发送】按钮即可将发件箱中的邮件发送出去。

2.4 使用 QQ 传送文件

① 进入 QQ 界面，启动 QQ，并将 QQ 设为在线状态。

② 通知好友接收文件。双击好友头像，在 QQ 窗口中输入信息，通知对方接收文件。

③ 发送文件。选择【传送文件】按钮，如图 6-43 所示。打开文件对话框，选择文件，如图 6-44 所示。

图 6-43 【传送文件】按钮

图 6-44 选择要传送的文件

④ 接收文件。文件发送后会弹出提示窗口，选择 "接收" 或 "另存为"，此时开始传送文件。传送完毕后，显示如图 6-45 所示信息。

【实验作业】

1. 写出 4 种目前常用的搜索引擎的网络地址，并举例说明如何实现快速、准确搜索的方法，将截图写入实验报告。

2. 将上题中的一种搜索引擎设置为主页，写出设置主页的方法，并在实验报告中附上窗口截图。

3. 浏览长春工程学院网站，网址为 http://www.ccit.edu.cn，查找 5 条最新消息，总结后写入实验报告。

4. 将长春工程学院网站的网址添加到 "收藏夹" 中，将截图写入实验报告。

图 6-45 "传送文件" 成功

5. 通过搜索引擎在网络上下载财经类、科技类、体育类、娱乐类、教育类、旅游类、军事类最新信息各两条，总结后写入实验报告。

6. 利用搜索引擎实现在线翻译，将下面一段话翻译成英文。

　　黑客一词，源于英文 Hacker，原指热心于计算机技术，水平高超的电脑专家，尤其是程序设计人员。但到了今天，黑客一词已被用于泛指那些专门利用电脑搞破坏或恶作剧的家伙。对这些人的正确英文叫法是 Cracker，有人翻译成"骇客"。黑客和骇客根本的区别是：黑客们建设，而骇客们破坏。

　　7. 利用熟悉的下载工具下载一首歌曲到"我的文档"中"我的音乐"，下载一个 flash 动画到"我的文档"中"我的图片"。

　　8. 在熟悉的网站注册一个免费电子邮箱，并向教师提供的邮箱内发一封邮件，邮件主题为："×××（姓名）的邮件"，邮件内容为上题下载的图片文件。

　　9. 将上题中下载的音乐文件压缩成同名文件，申请一个 QQ 号，与同学练习通过 QQ 传送该压缩文件。将接收文件的截图写入实验报告。

实验三　CNKI 的使用

【实验目的】

熟练掌握 CNKI 的基本使用方法。

【实验指导】

① 启动 IE 浏览器。

② 在浏览器地址栏中输入"http://www.cnki.net"，输入用户名和密码登录，进入如图 6-46 所示的界面。

图 6-46　CNKI 登录界面

　　③ 例如：从网上检索什么是 4G 网络，以及关于 4G 网络的最新研究成果。在主界面上选择关键词项，搜索栏中输入"4G 网络"。左侧栏中选择学科分类，右侧可选择相关文章发表的年份，如图 6-47 所示。

　　④ 如选择名为"4G 网络发展的关键技术及前景探讨"，进一步查看，将显示作者、机构、摘要、关键词，如图 6-48 所示。

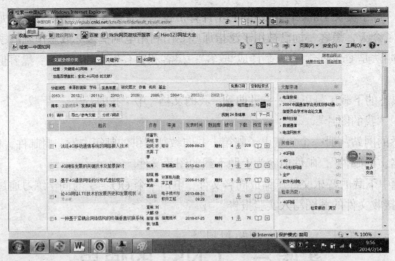

图 6-47　检索相关文章

图 6-48　查看检索结果

⑤ 如果觉得这篇文献很有用处，可以选择下载到本地仔细阅读。可以单击如图 6-49 所示的两种格式中任意一种进行下载。如果本地计算机安装有 CAJViewer 阅读软件，双击该文献名字，就可以自动打开该文件进行阅读；如果计算机没有安装该阅读软件，需要先安装后才能阅读。这里选择 CAJ 浏览器下载，如图 6-50 所示。

单击【下载】按钮，进行下载，选择文件保存的路径，将该文件保存在路径下。文件下载完成，如图 6-51 所示。

图 6-49　选择下载格式

用户也可以选择几个数据库同时进行检索（限制最多 8 个数据库），如选择中国学术期刊全文数据库和中国优秀博、硕士学位论文全文数据库。单击数据库名称前的选择框，然后单击页面右上方的"跨库检索"进入跨库检索页面。如选择中国期刊全文数据库、中国博士学位论文全文数据库和中国优秀硕士学位论文全文数据库。

【实验作业】

利用 CNKI 检索目前和所学专业相关的最新研究成果两项，总结后写入实验报告。

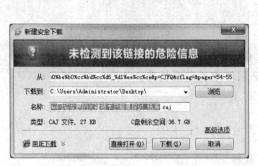

图 6-50 用 CAJ 方式下载

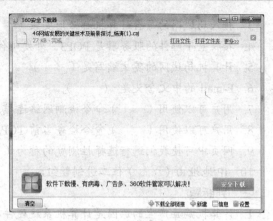

图 6-51 下载完成

测试题

一．选择题

1. 网络中各节点的互联方式叫做网络的（   ）。

 A．拓扑结构   B．协议   C．分层结构   D．分组结构

2. 根据计算机网络覆盖地理范围的大小，网络可分为局域网和（   ）。

 A．WAN   B．NOVELL   C．互联网   D．INTERNET

3. 用于无线通信的传输介质不包括（   ）。

 A．短波   B．外线   C．红外线   D．微波

4. Internet 的前身是（   ）。

 A．ARPAnet   B．局域网   C．MILnet   D．NFSnet

5. Internet 地址中的顶级域名 net 一般表示（   ）。

 A．政府机构   B．教育机构 C．网络管理机构 D．中国

6. Internet 提供的各种服务中，（   ）指的是远程登录服务。

 A．FTP   B．Usenet   C．Telnet   D．Gopher

7. OSI（开放系统互联）参考模型的最底层是（   ）。

 A．传输层   B．网络层   C．应用层   D．物理层

8. 计算机连网的主要目的是（   ）。

 A．资源共享   B．共用一个硬盘 C．节省经费   D．提高可靠性

9. 计算机网络按拓扑结构分类，可分为（   ）、总线型、环型三种基本型。

 A．菊花链型   B．星型   C．树型   D．网状

10. 计算机网络的双子网指的是其包括通信子网和（   ）。

 A．软件子网 B．资源子网 C．媒体子网   D．硬件子网

二．填空题

1. Internet 的基础协议是（   ）。

2. HTTP 是（   ）的英文缩写。

3. 接入局域网的每台计算机都必须安装（　　）。

4. 接收电子邮件的服务器是 POP3，外发邮件服务器是（　　）。

5. 计算机局域网的英文缩写是（　　）。

6. E-mail 的中文含义是（　　）。

7. 用户可以使用（　　）命令检测网络连接是否正常。

8. 用户可以使用（　　）命令检查当前 TCP/IP 网络中的配置情况。

9. 网页中可使我们进行选择性浏览的称为（　　）。

10. IP 地址由（　　）位二进制数组成。

三．判断题

1. 计算机病毒产生的原因是计算机系统硬件有故障。（　　）

2. OSI 模型中最底层和最高层分别为：物理层和应用层。（　　）

3. shi@online@sh.cn 是合法的 E-Mail 地址。（　　）

4. 计算机病毒只能通过软盘与网络传播，光盘中不可能存在病毒。（　　）

5. 局域网常用传输媒体有双绞线、同轴电缆、光纤三种，其中传输速率最快的是光纤。（　　）

6. 通常所说的 OSI 模型分为 6 层。（　　）

7. 万维网网页采用纯文本的格式。（　　）

8. 相对于广域网，局域网的传输误差率很高。（　　）

9. 以"信息高速公路"为主干网的 Internet 是世界上最大的互联网络。（　　）

10. 用户只有通过网卡才可上网。（　　）

第7章
程序设计

实验一　求两个数的和

【实验目的】

1. 学习使用 Visual Basic 6.0 编程。
2. 掌握基本控件的使用方法。

【上机指导】

1.1　创建工程

启动 Visual Basic 6.0，将出现"新建工程"对话框，从中选择"标准 EXE"项，然后单击【打开】按钮，即进入 Visual Basic 的"集成开发环境"，如图 7-1 所示。

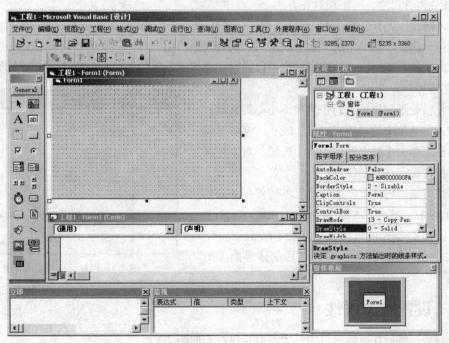

图 7-1　VB 集成开发环境

1.2 设计应用程序界面

创建工程后，在 Visual Basic 集成开发环境的窗体设计器中会自动提供一个应用程序的窗体，默认名称为 Form1。窗体的大小可以调整。应用程序的界面主要是在窗体设计器上设计的，用户可以根据需要在窗体上添加各种控件。

1. 窗体上添加控件的方法

① 用鼠标双击工具箱中指定的控件，可在窗体中央添加一个固定大小的控件，然后用鼠标拖动到适当的位置。

② 用鼠标单击工具箱中所要添加的控件图标，然后将鼠标移到窗体的适当位置，按住十字鼠标拖曳，此时窗体上出现一个灰色矩形框，释放鼠标左键，在矩形框位置就会添加相应的控件。

③ 如果要添加相同类型的控件，在添加了第一个控件后可采用复制、粘贴的方法添加其他控件。

2. 调整控件的大小、位置和锁定控件

① 调整控件的大小

单击要调整的控件，在该控件的周围会出现 8 个小方块，若将鼠标移到控件的小方块上，并使指针变成双向箭头时，拖动鼠标就可以改变该控件的大小。如果选定了多个控件（要选定多个控件，可先按住 "Ctrl" 键或 "Shift" 键，再单击欲选择的控件），则不能使用此方法同时改变多控件的大小，但可利用键盘操作，按住 "Shift" 键不放，同时按下光标移动键 "←、→、↑、↓"可以调整选定控件的大小。

② 调整控件的位置

用鼠标把窗体上的控件拖动到一新位置，或在属性窗口中改变 Top 和 Left 属性的值，或用 "Ctrl" 键加光标移动键 "←、→、↑、↓"，可以改变控件的位置。

③ 统一控件尺寸、间距和对齐方式

通过 "格式" 菜单中的 "统一尺寸" 项，并在其子菜单中选取相应的项可以统一控件的尺寸；也可以通过 "格式" 菜单中的 "水平间距"、"垂直间距" 和 "对齐" 菜单项调节多个控件在水平或垂直方向上的布局。以上功能同样也可以通过 "窗体编辑器" 工具栏上的快捷按钮实现。

④ 锁定控件

为防止已处于理想位置的控件因不小心而移动，通过 "格式" 菜单中的 "锁定控件" 或在 "窗体编辑器" 工具栏上单击【锁定控件切换】按钮，可以把窗体上所有控件锁定在当前位置。

按上述方法向窗体上添加三个标签控件：Label1、Label2、Label3；三个文本框 Text1、Text2、Text3 和三个命令按钮 Command1、Command2、Command3，并调整大小和位置。添加所有控件后窗体界面如图 7-2 所示。

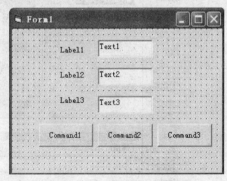

图 7-2　添加控件后窗体界面

1.3 设置对象属性

选中对象，然后在属性窗口中设置各对象属性，如图 7-3 所示。

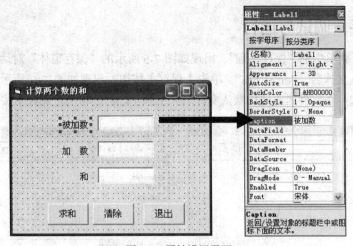

图 7-3 属性设置界面

按表 7-1 设置所有对象属性。

表 7-1　　　　　　　　　　　　对象属性设置

对象	属性	属性值
Form1	Caption	计算两个数的和
Label1		被加数
Label2	Caption	加数
Label3		和
Text1		
Text2	Text	空白
Text3		
Command1		求和
Command2	Caption	清除
Command3		退出

1.4　编写代码

双击窗体上的【计算和】命令按钮，会弹出一个"代码编辑器"窗口，在其中添加代码，如图 7-4 所示。

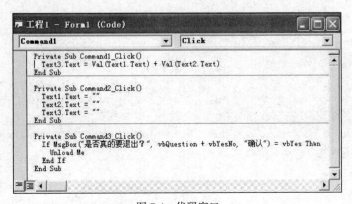

图 7-4 代码窗口

1.5 保存、调试与运行

单击"文件"菜单中的"保存工程",出现如图 7-5 所示的"保存窗体"对话框,给窗体起一文件名或使用默认文件名"Form1.frm",单击【保存】按钮,出现如图 7-6 所示的"保存工程"对话框,给工程起一个文件名或使用默认文件名"工程 1.vbp",单击【保存】按钮。

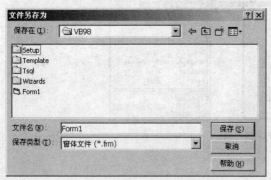

图 7-5 "文件另存为"对话框

图 7-6 "工程另存为"对话框

单击"工具栏"上的【启动】按钮或选择"运行"菜单中的"启动"菜单项,运行程序。

1.6 生成可执行文件

使用"文件"菜单中的"生成工程 1.exe"命令,生成可脱离 VB 环境,直接在 Windows 下独立运行的可执行文件。

附录 A
课程设计

《大学计算机基础》实习任务书

【实习目的】

1. 根据非计算机专业教学大纲要求及教学计划安排，对学生进行计算机基础操作、文字处理、电子表格、电子演示文稿、动画设计、平面设计、网页制作等方面的综合强化训练，培养和提高学生独立操作和应用计算机的能力。

2. 培养学生的团队协作意识，增强学生的自信心、诚信度、创新精神，为将来工作打基础。

【实习任务及要求】

以下项目，各专业学生根据本专业学生具体情况选做。

课程设计项目一：

【任务 1】Word 操作

制作一份宣传稿，1～2 页，要求图文并茂，内容完整。（例如，国际爱眼日、母亲节、产品宣传广告、社团招生海报、3·15 保护消费者权益日等）。内容包含用 Flash 制作的文字动画或片头动画、广告……

要求：

1. 标题：自选一种字体（如华文新魏）、加粗，二号，居中，深红色。

2. 第 1 正文段：宋体，五号，左、右缩进 1 字符，首行缩进 2 字符，蓝色，段前一行。

3. 第 2 正文段至最后一段：字体为绿色，隶书，行距 18 磅，首行缩进 2 字符；将部分文字加波浪线，加 – 25%灰色底纹。

4. 插入一幅与内容相关的图片，水印效果，并设置环绕方式为"衬于文字下方"。距文字上下左右各 0.1 厘米。

5. 插入两行一列的表格，将最后一段文字置入表格第 1 行；插入一艺术字，选艺术字库第四行第三列，形状设为朝鲜鼓，并将艺术字置入表格第二行；设表格外边框为粉红色双波浪线。

6. 将第三段文字分为两栏，加栏间标题，标题文字竖排。

【任务 2】Excel 操作

制作如下图所示的"××系各专业期末成绩汇总表"。

××系各专业期末成绩汇总表

专业	学号	姓名	马列	高数	英语	物理	计算机	总分	平均分	名次
工商管理	619001	张强	85	38	76	95	85	379	126.3	12
工商管理	619002	王梅	96	95	93	86	81	451	150.3	2
工商管理	619003	李永娟	58	45	68	74	72	317	105.7	17
工商管理	619004	吴迪生	83	82	81	68	91	405	135.0	10
工商管理	619005	廖晨星	98	79	62	85	46	370	123.3	14
工商管理	619006	赵本平	29	68	73	76	94	340	113.3	16
财务管理	719001	许江	62	92	69	68	76	367	122.3	15
财务管理	719002	艾艺莲	69	84	59	91	68	371	123.7	13
财务管理	719003	李光辉	75	82	83	92	83	415	138.3	8
财务管理	719004	陈诚	92	92	88	85	93	450	150.0	3
财务管理	719005	林立	89	98	67	88	75	417	139.0	7
财务管理	719006	张平	90	67	84	77	89	407	135.7	9
工程造价	819001	侯超	78	76	67	89	85	395	131.7	11
工程造价	819002	温淼	98	69	84	92	78	421	140.3	5
工程造价	819003	刘军	98	92	90	93	88	461	153.7	1
工程造价	819004	李彤	89	98	67	78	88	420	140.0	6
工程造价	819005	王新伟	78	76	89	90	92	425	141.7	4
单科平均分			80.4	78.4	76.5	83.9	81.4			
单科最高分			98	98	93	95	94			
单科最低分			29	38	59	68	46			
参考学生人数		17								
优秀学生人数		3								

要求：

1. 专业班级、学号根据实际情况填写。

2. 姓名、考试成绩可自行编写。

3. 总分、平均分、名次、单科平均分、单科最高分、参考学生人数、优秀学生人数、班级总人数用公式计算；其中单科平均分、平均分小数点后保留一位。

4. 按专业给出分布柱形图，图表标题设为"××系各专业期末成绩分析图"，水平坐标轴显示专业名称，垂直坐标轴显示成绩。

【任务 3】PowerPoint 操作

结合对本专业的了解，利用 Internet 和 CNKI 搜索与本专业相关的最新技术、最新研究成果，了解专业发展前景以及自己感兴趣的研究方向，创建一个演示文稿，题目自拟。

要求：

1. 幻灯片个数至少为 8 个。幻灯片中应包括文本框、特殊符号、项目编号、图片及艺术字，设置文字的字体格式，绘制图形、表格等。

2. 设置幻灯片的切换方式。为幻灯片设置换页方式、换页效果和声音效果。

3. 给幻灯片的内容添加动画效果和声音，包括标题、文本、图片、对象，并设置好动画的时间和顺序。

4. 幻灯片放映增加排练计时功能。

5. 为演示文稿添加一个背景音乐。

6. 为幻灯片添加幻灯片母板。利用母版改变字体；插入要显示在多个幻灯片上的相同图片；通过打开"页眉页脚"对话框为幻灯片添加制作日期、时间、制作人姓名、幻灯片编号。

7. 给幻灯片添加动作和超级链接，包括鼠标的单击和移过。

演示文稿主题鲜明，有创意，内容饱满，设计美观、大方，布局合理。

【任务 4】Frontpage 网页制作

网页是指我们使用浏览器所看到的一个画面，网站就是很多网页的集合。所以，网站的设计者必须先想好整个网站的架构，再根据这架构制作网页，让网页间彼此链接。举例来说，如"易网"就是由许多不同内容的网页组成的，其中包括：新闻、财经、科技、汽车、读书、体育、娱乐等。

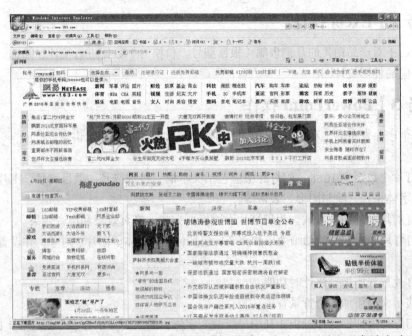

本设计的总体要求就是要根据自己的兴趣、爱好设计一个个人网站，要求站点内容健康向上，主题鲜明。使大家访问了你的网站有一定的收获。

1. 内容要求

① 给自己的个人网站设计一个适合的主题，栏目设计有新意、有前瞻性，符合主题要求。

② 至少有 10 个网页，其中自己原创的不少于 6 个，每一个网页的内容要丰富，不能"充数"。

2. 版面及格式要求

① 要求图文并茂，颜色搭配合理。但是图片及声音文件不要太大。希望充分发挥各自的创造能力。

② 导航设计简洁明了，不能有"死链接"，要保证能够在网络上浏览。

3. 技术要求

网页设计要有动画效果、走马灯效果；使用超链接技术；应用音乐、表格等手段进行网页设计。

【任务 5】利用 Visio 2010 绘制办公室（家居）平面图

设计要求：

1. 构架家居平面外框结构。

2. 添加、组合、改变框架布局。

3. 添加、设置、调整家具、电器。

课程设计项目二：

以小组为单位，编写一个产品（手机、电脑、化妆品、服装……）营销策略计划书。

【任务 1】word 操作

制作一份宣传稿介绍该产品，1~2 页，要求图文并茂，内容完整。同时附带产品说明书（包括产品的构成、性能介绍、使用方法、注意事项等）。

【任务 2】Excel 操作

利用 Excel 对产品销售的月销售额（根据型号、价格等）数据进行统计、筛选、汇总分析。并制作出相应的柱形统计图。

【任务 3】PowerPoint 操作

召开一个产品发布会，利用 PowerPoint 制作演示文稿，进行演示讲解。

要求：

1. 幻灯片个数至少 10 张。幻灯片中应包括文本框、特殊符号、项目编号、图片及艺术字，设置文字的字体格式，绘制图形、表格等。

2. 设置幻灯片的切换方式。为幻灯片设置换页方式、换页效果和声音效果。

3. 给幻灯片的内容添加动画效果和声音，包括标题、文本、图片、对象，并设置好动画的时间和顺序。

4. 幻灯片放映增加排练计时功能。

5. 为演示文稿添加一个背景音乐。

6. 为幻灯片添加幻灯片母板。利用母版改变字体；插入要显示在多个幻灯片上的相同图片；通过打开"页眉页脚"对话框为幻灯片添加制作日期、时间、制作人姓名、幻灯片编号。

7. 给幻灯片添加动作和超级链接，包括鼠标的单击和移过。

演示文稿主题鲜明，有创意，内容饱满，设计美观、大方，布局合理。

【任务 4】Frontpage 网页制作

1. 内容要求

① 针对某个产品制作网页，展示产品的图片、价格、性能等参数，要求设计有新意、有前瞻性，符合主题要求。

② 至少 6 个网页，每一个网页的内容要丰富，不能"充数"。

2. 版面及格式要求

① 要求图文并茂，颜色搭配合理。但是图片及声音文件不要太大。希望充分发挥各自的创造能力。

② 导航设计简洁明了，不能有"死链接"，要保证能够在网络上浏览。

3. 技术要求

网页设计要有动画效果、走马灯效果；使用超链接技术；应用音乐；表格等手段进行网页设计。

《大学计算机基础》实习指导书

1.1 Frontpage 网页制作实习指导

1. 网站制作流程

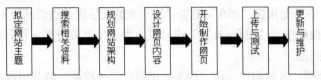

拟定网站主题 → 搜索相关资料 → 规划网站架构 → 设计网页内容 → 开始制作网页 → 上传与测试 → 更新与维护

2. Frontpage 操作环境简介

（1）【普通】按钮——将 Frontpage 切换到编辑区。

（2）【HTML】按钮——将 Frontpage 切换到网页的"HTML"语句编辑状态，如图 A-1 所示。

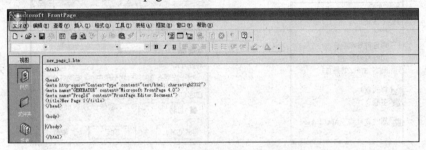

图 A-1 "HTML"语句编辑状态

（3）【预览】按钮——将 Frontpag 切换到网页的"预览"状态。其状态和网络上运行的状态一致。图 A-2 所示为 Frontpage 的工作环境图示。

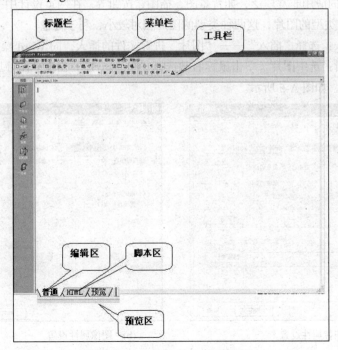

图 A-2 Frontpage 的工作环境图示

（4）文件保存时，要先准备好一个文件夹，专门放置网页所欲要的文件或图片等资料，以便统一管理、统一上传。

3. Frontpage 图文编辑

（1）文字编辑

① 文字的输入、格式的控制，如字体、段落、项目编号、边框与阴影等操作都在格式菜单里进行命令操作，其操作方法与 Word 一致，如图 A-3 所示。

② 分行或分段：在行结尾按"回车"键表示接下来的文字跟前边的部分不是一段，两段间会会产生一小段距离。如果按下"回车+Shift"组合键，表示接下来的文字和前边的文字是同一段，两部分之间不会产生间距。

③ 插入水平分隔线：虽然前边说按"回车"键可以区分段落，但若想段落区分得更加明显，就得设置水平分隔线了。在光标位置执行"插入"——"水平线"即可，选择该分隔线，单击鼠标右键可以设置它的属性，如图 A-4 所示。

图 A-3　格式设置命令菜单

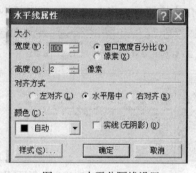

图 A-4　水平分隔线设置

（2）图片编辑

图片在网页中的应用非常广泛，如背景图、插图、按钮等。在网页设计中一般选择"gif"类型的图片或"jpg"类型的图片，这两种类型的图片相对较小，利于传输。

① 图片的插入：选择"插入"——"图片"进行文件的插入，同 Word 操作基本相同。

② 图片的编辑：选中图片，单击鼠标右键选择"图片属性"，出现"图片属性"对话框，进而对图片进行编辑，如图 A-5 所示。

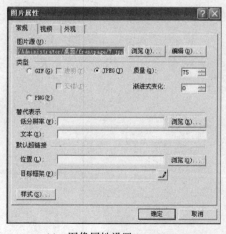

(a)　图像属性设置

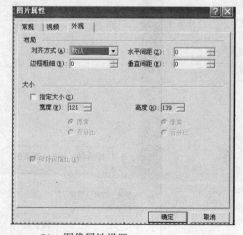

(b)　图像属性设置

图 A-5　图片属性对话框

在此属性对话框里可以分别对图片属性进行如下设置：

● 调整图片大小，水平、垂直的对齐方式，图片间距，图片边框。

● 设置图片的格式，可以根据需要把图片设置成"gif透明"（透明方式可以去掉图片的背景颜色）或交错格式，也可以将图片设置成"jpg"格式。

③ 图文混排图：图片在网页中也被当成了一般字符，所以只能将图片插入在文字之间，而且旁边只能显示一行文字。但可以根据需要选择对齐方式，如图A-6和图A-7所示。

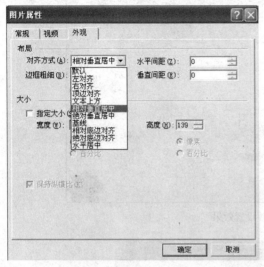

图 A-6 图像对齐方式设置

图 A-7 设置后样式

（3）设置网页背景

① 背景颜色"格式"——"背景"，如图A-8所示。

② 背景图片：在"格式"——"背景"跳出的对话框里插入背景图片，并进行设置（如"水印"设置），如图A-9所示。图A-10所示为设置背景后的网页效果。

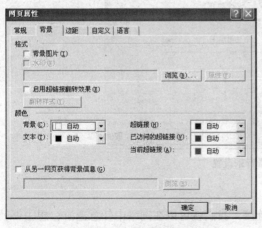

图 A-8 背景颜色设置

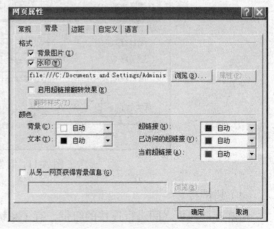

图 A-9 背景图片设置

③ 背景音乐：右键单击页面，选择"页面属性"，出现"页面属性"对话框。在"常规"里对页面背景音乐进行插入和设置，如图A-11所示。在网页中添加背景音乐，需注意选择wav、mid、ram等较小的文件，便于网络传输。

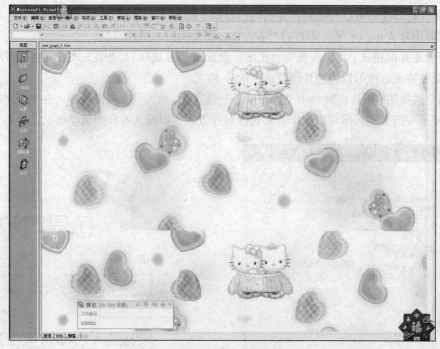

图 A-10　背景图片设置效果

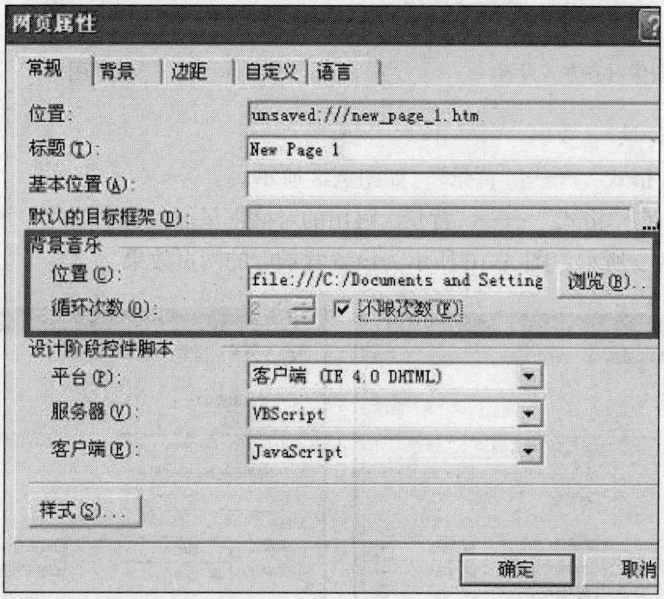

图 A-11　背景音乐设置

（4）超链接

超链接是网页之间进行连接的纽带，有了超链接，我们就可以在网络中任意遨游，想去哪就去哪。

建立超链接的方法：首先选择"热区"（如文字、按钮、图片等），然后单击鼠标右键选择超链接命令 🐾 ，弹出"创建超链接"对话框，在此进行超链接的设置，如图 A-12 所示。

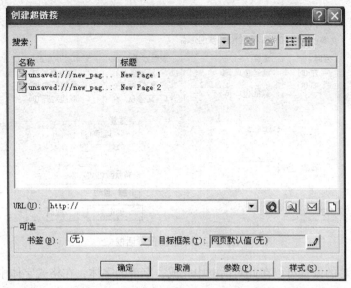

图 A-12　创建超链接

超链接包括内部链接和外部连接两种。内部链接是本网站间的连接，如 page1 和 page2 之间可以进行相互链接。外部链接是通过 URL 链接到相关网站的链接。

（5）表格的建立与应用

表格的建立与应用同 Word 中的应用方法基本一致，都可以在表格菜单中进行操作。值得一提的是，Frontpage 中我们可以用表格来设计版面，然后把表格边框属性设为透明，这样我们便可运用表格来布置版面，使版面更加整齐美观，如图 A-13 所示。

图 A-13　表格布局举例

（6）"跑马灯"字幕的制作

"跑马灯"字幕就是由右往左或者由左往右的动态文字信息，它能使网页效果更加灵活。选择"插入"——"组件"——"字幕"，如图 A-14 所示。

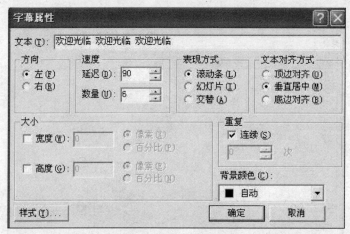

图 A-14　字幕设置对话框

"跑马灯"字幕的设置可以在此对话框中完成，字幕的字体，在格式字体中完成设置。如图 A-15 所示为"跑马灯"字幕的效果图。

图 A-15　"跑马灯"字幕效果

1.2　Visio 2010 家居平面设计实习指导

1. 选择模板

依次执行【文件】|【新建】|【地图和平面布置图】|【办公室布局】，创建一个基于"办公室布局"模板的新文档，如图 A-16 所示。

2. 更改页面尺寸或绘图比例

依次执行【设计】|【页面设计】|【绘图缩放比例】，在"绘图缩放比例"中，将缩放比例调整为 1：50，比例越大图形越大，如图 A-17 所示。

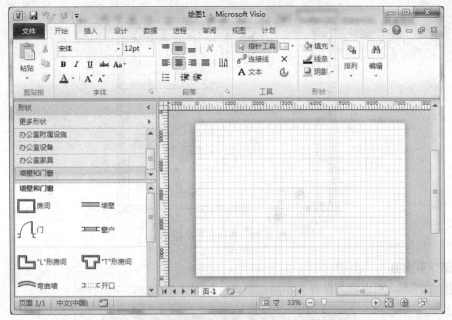

图 A-16　新建"办公室布局"文档

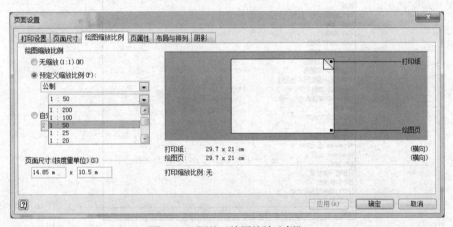

图 A-17　调整"绘图缩放比例"

3. 绘制框架

在左侧"形状"区内"墙壁和门窗"中选择需要的形状，拖动到右侧绘图区，根据所绘制平面，手动调整布局。添加门、窗、立柱等，并调整尺寸、角度、位置，如图 A-18 所示。

4. 添加办公设备

从左侧"形状"区内"办公设备"、"办公家居"、"办公室附属设备"中选择需要用的形状，拖动到绘图区，调整尺寸、位置等，如图 A-19 所示。

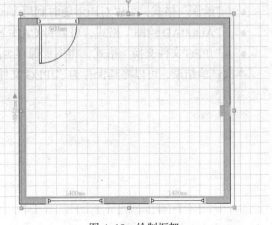

图 A-18　绘制框架

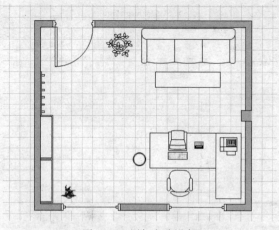

图 A-19 添加办公设备

5. 保存平面图

绘制好的图形，可以将其保存为不同的格式，如图 A-20 所示。

图 A-20 保存格式

- "绘图"格式，可以对图形随时利用 Visio 重新编辑。
- "AutoCAD 绘图"格式，可以再 CAD 下打开并编辑。
- "JPEG 文件交换"格式，将图形保存为图片。

本次试验结束，可以将其保存为"JPEG 文件交换"格式，插入实习报告中。

附录 B
自测练习

自测题 1

一、填空　共 10 题（共计 10 分）

第 1 题　计算机中总线包括地址总线、数据总线和【1】总线。

第 2 题　TCP/IP 体系结构可以分成 5 个层次，由低到高分别为物理层、数据链路层、网络层、【2】和应用层。

第 3 题　关系型数据库管理系统中存储与管理数据的基本形式是【3】。

第 4 题　十六进制数 3D8 用十进制数表示为【4】。

第 5 题　在 Word 中编辑页眉和页脚的命令在【5】菜单中。

第 6 题　在 Internet 中的 IP 地址由【6】位二进制数组成。

第 7 题　连接 CPU 和总线扩展槽的总线称为【7】总线。

第 8 题　数据库管理系统的英文缩写是【8】。

第 9 题　一个学生可以同时借阅多本图书，一本图书只能由一个学生借阅，学生和图书之间为【9】的联系。

第 10 题　启动 Word 之后，默认文档的名字是【10】.doc。

二、判断　共 10 题（共计 10 分）

第 1 题　在 Windows 中可以没有键盘，但不能没有鼠标。

第 2 题　程序一定要调入主存储器中才能运行。

第 3 题　在 Word 的编辑状态，执行"编辑"菜单中的"复制"命令后，剪贴板中的内容移到插入点。

第 4 题　计算机高级语言是与计算机型号无关的计算机语言。

第 5 题　CPU 与内存的工作速度几乎差不多，增加 Cache 只是为了扩大内存的容量。

第 6 题　在 Word 中，页面视图适合于用户编辑页眉、页脚、调整页边距，以及对分栏、图形和边框进行操作。

第 7 题　只要购买最新的杀毒软件，以后就不会被病毒侵害。

第 8 题　蓝牙是一种近距离无线数字通信的技术标准，适合于办公室或家庭使用。

第 9 题　计算机病毒可能破坏硬件。

第 10 题　数据库管理系统就是 Access 软件。

三、单项选择　　共 50 题 （共计 50 分）

第 1 题　微型计算机存储器系统中的 Cache 是（　　　）。

A. 只读存储器　　　　　　　　　　　　B. 高速缓冲存储器

C. 可编程只读存储器　　　　　　　　　D. 可擦除可再编程只读存储器

第 2 题　如果按字长来划分，微型机可分为 8 位机、16 位机、32 位机、64 位机和 128 位机等，所谓 32 位机是指该计算机所用的（　　　）CPU。

A. 一次能处理 32 位二进制数　　　　　B. 具有 32 位的寄存器

C. 只能处理 32 位浮点数　　　　　　　D. 有 32 个寄存器

第 3 题　CPU 的主要功能是进行（　　　）。

A. 算术运算　　　　　　　　　　　　　B. 逻辑运算

C. 算术逻辑运算　　　　　　　　　　　D. 算术逻辑运算与全机的控制

第 4 题　当新插入的剪贴画遮挡住原来的对象时，下列（　　　）说法不正确。

A. 可以调整剪贴画的大小

B. 可以调整剪贴画的位置

C. 只能删除这个剪贴画，更换大小合适的剪贴画

D. 调整剪贴画的叠放次序，将被遮挡的对象提前

第 5 题　从第一台计算机诞生到现在的 50 多年中，计算机的发展经历了（　　　）个阶段。

A. 3　　　　　　　　B. 4　　　　　　　　C. 5　　　　　　　　D. 6

第 6 题　下列设备中，（　　　）不能作为微机的输出设备。

A. 打印机　　　　　　B. 显示器　　　　　　C. 键盘和鼠标　　　　D. 绘图仪

第 7 题　输入设备是（　　　）。

A. 从磁盘上读取信息的电子线路　　　　B. 磁盘文件等

C. 键盘、鼠标器和打印机等　　　　　　D. 从计算机外部获取信息的设备

第 8 题　在 Windows 中，允许用户同时打开多个窗口，但只有一个窗口处于激活状态，其特征是标题栏高亮显示，该窗口称为（　　　）窗口。

A. 主　　　　　　　　B. 运行　　　　　　　C. 活动　　　　　　　D. 前端

第 9 题　在 Windows 中，如果要安装 Windows 附加组件，应选择（　　　）。

A. "控制面板"中的"安装/卸装"　　　　B. "控制面板"中的"安装 WINDOWS"

C. "控制面板"中的"启动盘"　　　　　D. 不可以安装

第 10 题　在网页中使用图像主要应考虑（　　　）问题。

A. 下载速度与颜色　　　　　　　　　　B. 下载速度与文件格式

C. 文件格式与颜色　　　　　　　　　　D. 以上都不是

第 11 题　在微型计算机中，运算器和控制器合称为（　　　）。

A. 逻辑部件　　　　　　　　　　　　　B. 算术运算部件

C. 微处理器　　　　　　　　　　　　　D. 算术和逻辑部件

第 12 题　通过 INTERNET 发送或接收电子邮件(E_MAIL)的首要条件是应该有一个电子邮件(E_MAIL)地址，它的正确形式是（　　　）。

A. 用户名@域名　　　　　　　　　　　B. 用户名#域名

C. 用户名/域名　　　　　　　　　　　D. 用户名.域名

第 13 题　计算机连成网络的最重要优势是（　　　）。

A. 提高计算机运行速度　　　　　　　　B. 可以打网络电话

C. 提高计算机存储容量　　　　　　　　D. 实现各种资源共享

第 14 题　在"大纲"视图中，可以（　　）。

A. 移动幻灯片　　　　B. 编辑文字　　　　C. 删除幻灯片　　　　D. 以上都可以

第 15 题　如果想把一文件传送给别人，而对方又没有 FTP 服务器，最好的方法是使用（　　）。

A. WWW　　　　　　B. Gopher　　　　　C. E-mail　　　　　D. WAIS

第 16 题　为方便记忆、阅读和编程，把机器语言进行符号化，相应的语言称为（　　）。

A. 高级语言　　　　　B. 汇编语言　　　　C. C 语言　　　　　D. VB 语言

第 17 题　在 Windows 操作系统中，（　　）。

A. 在根目录下允许建立多个同名的文件或文件夹

B. 同一文件夹中可以建立两个同名的文件或文件夹

C. 在不同的文件夹中不允许建立两个同名的文件或文件夹

D. 同一文件夹中不允许建立两个同名的文件或文件夹

第 18 题　下列数据通讯线路（　　）形式具备最佳数据保密性及最高传输效率。

A. 电话线路　　　　　B. 光纤　　　　　　C. 同轴电缆　　　　D. 双绞线

第 19 题　在 Word 文档编辑中，使用哪个菜单中的"分隔符…"命令，可以在文档中指定位置强行分页（　　）。

A. 编辑　　　　　　　B. 插入　　　　　　C. 格式　　　　　　D. 工具

第 20 题　接入局域网的每台计算机都必须安装（　　）。

A. 调制解调器　　　　B. 网络接口卡　　　C. 声卡　　　　　　D. 视频卡

第 21 题　计算机辅助教育的英文缩写是（　　）。

A. CAM　　　　　　　B. CAD　　　　　　C. CAI　　　　　　D. CAE

第 22 题　微机的硬件由（　　）五部分组成。

A. CPU、总线、主存、辅存和 I/O 设备

B. CPU、运算器、控制器、主存和 I/O 设备

C. CPU、控制器、主存、打印机和 I/O 设备

D. CPU、运算器、主存、显示器和 I/O 设备

第 23 题　Internet 最初创建目的是用于（　　）。

A. 政治　　　　　　　B. 经济　　　　　　C. 教育　　　　　　D. 军事

第 24 题　电子邮件在 INTERNET 上的任何两台计算机之间进行传送时采用的是（　　）协议。

A. POP3　　　　　　　B. SMTP　　　　　　C. HTTP　　　　　　D. TCP/IP

第 25 题　段落标记是在输入什么之后产生的（　　）。

A. 句号　　　　　　　B. "回车"键　　　　C. "Shift+Enter"组合键　　　D. 分页符

第 26 题　计算机病毒不可能侵入（　　）。

A. 硬盘　　　　　　　B. 计算机网络　　　C. ROM　　　　　　D. RAM

第 27 题　下列选项中，（　　）不是网络信息安全所面临的自然威胁。

A. 自然灾害　　　　　　　　　　　　　B. 恶劣的场地环境

C. 电磁辐射和电磁干扰　　　　　　　　D. 偶然事故

第 28 题　在一对多联系中，如果修改一方的原始记录后，另一方立即更改，则应设置（　　）。

A. 实施参照完整性　　　　　　　　　　B. 级联更新相关记录

C. 级联删除相关记录　　　　　　　　D. 以上都不是

第 29 题　如果服务器不支持 FrontPage 服务器扩展，则下列（　　）可以使用。

A. 站点计数器　　　B. 搜索表单　　　C. 表单确认网页　　D. 滚动字幕

第 30 题　在 Windows 中，当应用程序窗口最大化后，该应用程序窗口将（　　）。

A. 扩大到整个屏幕，程序照常运行　　　　B. 不能用鼠标拉动改变大小，系统暂时挂起

C. 扩大到整个屏幕，程序运行速度加快　　D. 可以用鼠标拉动改变大小，程序照常运行

第 31 题　文本编辑的目的是使文本正确、清晰、美观，从严格意义上讲，下列（　　）操作属于文本编辑操作。

A. 统计文本中字数　　　　　　　　　　B. 文本压缩

C. 添加页眉和页脚　　　　　　　　　　D. 识别并提取文本中的关键词

第 32 题　在 Word 文本中，当鼠标移动到正文左边，形成右向上箭头时，连续单击鼠标（　　）次可以选定全文。

A. 4　　　　　　　B. 3　　　　　　　C. 2　　　　　　　D. 1

第 33 题　在 Windows 中，允许用户同时打开（　　）个窗口。

A. 8　　　　　　　B. 16　　　　　　C. 32　　　　　　D. 多

第 34 题　下面列出的特点中，（　　）不是数据库系统的特点。

A. 无数据冗余　　　　　　　　　　　　B. 采用一定的数据模型

C. 数据共享　　　　　　　　　　　　　D. 数据具有较高的独立性

第 35 题　Gb/s 的正确含义是（　　）。

A. 每秒兆位　　　B. 每秒千兆位　　　C. 每秒百兆位　　　D. 每秒万兆位

第 36 题　第四代电子计算机以（　　）作为基本电子元件。

A. 小规模集成电路　　　　　　　　　　B. 中规模集成电路

C. 大规模集成电路　　　　　　　　　　D. 大规模、超大规模集成电路

第 37 题　主存储器与外存储器的主要区别为（　　）。

A. 主存储器容量小，速度快，价格高，而外存储器容量大，速度慢，价格低

B. 主存储器容量小，速度慢，价格低，而外存储器容量大，速度快，价格高

C. 主存储器容量大，速度快，价格高，而外存储器容量小，速度慢，价格低

D. 区别仅仅是因为一个在计算机里，一个在计算机外

第 38 题　电子邮件是 Internet 应用最广泛的服务项目，通常采用的传输协议是（　　）。

A. SMTP　　　　　B. TCP/IP　　　　C. CSMA/CD　　　D. IPX/SPX

第 39 题　双击鼠标左键一般表示（　　）。

A. "选中"，"打开" 或 "拖放"　　　　　B. "选中"，"指定" 或 "切换到"

C. "拖放"，"指定" 或 "启动"　　　　　D. "启动"，"打开" 或 "运行"

第 40 题　最能反映计算机主要功能的说法是（　　）。

A. 计算机可以代替人的劳动　　　　　　B. 计算机可以存储大量信息

C. 计算机可以实现高速度的运算　　　　D. 计算机是一种信息处理机

第 41 题　在 Windows 中，为保护文件不被修改，可将它的属性设置为（　　）。

A. 只读　　　　　　B. 存档　　　　　C. 隐藏　　　　　　D. 系统

第 42 题　Excel 2010 中工作簿存盘时，默认扩展名为（　　）。

A. .docx　　　　　B. .txt　　　　　　C. .pptx　　　　　D. .xlsx

第 43 题 在 Word 的编辑状态，执行"编辑"菜单中的"粘贴"命令后（　　　）。

A. 被选择的内容移到插入点 　　　B. 被选择的内容移到剪贴板

C. 剪贴板中的内容移到插入点 　　　D. 剪贴板中的内容复制到插入点

第 44 题 Windows 中文输入法的安装按以下步骤进行（　　　）。

A. 按"开始"→"设置"→"控制面板"→"输入法"→"添加"的顺序操作

B. 按"开始"→"设置"→"控制面板"→"字体"的顺序操作

C. 按"开始"→"设置"→"控制面板"→"系统"的顺序操作

D. 按"开始"→"设置"→"控制面板"→"添加/删除程序"的顺序操作

第 45 题 （　　　）是一台计算机或一位用户在 Internet 或其他网络上的唯一标识，其他计算机或用户使用它与拥有这一地址的计算机或用户建立连接或者交换数据。

A. IPaddress(IP 地址) 　　　B. AddressBar(地址条)

C. attachment(附件) 　　　D. domain(域名)

第 46 题 关于电子计算机的特点，以下论述错误的是（　　　）。

A. 运行过程不能自动、连续进行，需人工干预

B. 运算速度快

C. 运算精度高

D. 具有记忆和逻辑判断能力

第 47 题 CD-ROM 是指（　　　）。

A. 只读型光盘 　　　B. 可擦写光盘

C. 一次性可写入光盘 　　　D. 具有磁盘性质的可擦写光盘

第 48 题 将局域网接入广域网必须使用（　　　）。

A. 中继器 　　B. 集线器 　　C. 路由器 　　D. 网桥

第 49 题 在资源管理器中，双击某个文件夹图标，将（　　　）。

A. 删除该文件夹 　　　B. 显示该文件夹内容

C. 删除该文件夹文件 　　　D. 复制该文件夹文件

第 50 题 在 Windows 的"资源管理器"窗口中，如果想一次选定多个分散的文件或文件夹，正确的操作是（　　　）。

A. 按住"Ctrl"键，用鼠标右键单击，逐个选取

B. 按住"Ctr"1键，用鼠标左键单击，逐个选取

C. 按住"Shift"键，用鼠标右键单击，逐个选取

D. 按住"Shift"键，用鼠标左键单击，逐个选取

四、WORD 操作　　共 1 题 （共计 20 分）

请在打开的 Word 的文档中，进行下列操作。完成操作后，请保存文档，并关闭 Word。

1. 在正文第 1 段"人性化，一个……才能流行。"前添加标题文字"也谈 IT 产品'人性化'"，对齐方式"居中"。

2. 设置标题文字"也谈 IT 产品'人性化'"，字体为"黑体"，字型为"加粗"，字号为"三号"，颜色为"红色"，字符间距"缩放150%"，间距"加宽 5 磅"。

3. 设置标题文字"也谈 IT 产品'人性化'"，边框、线型为"双线"，颜色为"蓝色"，宽度为"3/4 磅"，底纹填充色为"灰色 – 20%"，应用于"段落"。

4. 将正文所有"信息技术"替换为"Information Technology"。

5. 设置页眉文字为"也谈 IT"。

6. 在正文第 2 段"从发展的趋势看……高级人性化的。"中间插入考生文件夹内的图片"laser.jpg",对齐方式为"四周型",高度、宽度均为"70.5 磅"。

7. 设置正文第 3 段"被定义为思维前卫……手机短信息等。"首字下沉,首字字体为"黑体",行数为"2 行",颜色为"蓝色"。

8. 在文档的末尾表格中进行如下操作:

1)在第 1 行居中标题"居民消费水平抽样调查",字体为"华文行楷",字型为"加粗",字号为"三号",其余字体为"宋体",字号为"五号";

2)表中所有单元格的文字均垂直水平居中;

3)表格非数字部分底纹填充为"灰色 - 20%";

4)在相应单元格中利用求和函数计算各地区的合计值。

也谈 IT

也谈 IT 产品"人性化"

人性化,一个正在"走红"的词。而在被时髦地称为 IT 的 Information Technology 行业中,每个厂商几乎言必称人性化,似乎人性化容易得很。然而,未必是每一个提到人性化的厂商都知道什么是人性化。事实上,在当今的社会,人性化确确实实是个热点需求,而且人们追求的人性化是个实实在在、非常具体的特性。只有那些非常具体的,且符合人们需求特点的人性化才是真正的人性化,才能得到认可,才能流行。

从发展的趋势看,Information Technology 产品的人性化应该是必然的。因为所有的商品都是为了人而生产,为人所使用,并使人从中获得利益的,所以它符合人的特点,符合人的应用特点就应该是必然的了。然而,这样一个显而易见、表述出来直观易懂的道理,在实践中却并不是一件容易的事。第 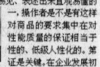 一,操作者是不是有这样的思路是前提。长期以来,在生产过程中,对商品的要求集中在对其性能质量上,而不是在使用性上。这种对性能质量的保证相当于我们常说的"吃得饱"——这种满足是生理性的、低级人性化的。第二,操作者是不是有这样的技术实力作为保证是关键。在企业发展初期,或者某个商品市场的发展初期,厂商的技术发展重在商品的基本性能技术上,尚无暇顾及更高层次的、涉及使用性的技术上。这种在技术基础上对使用性的保证相当于我们常说的"吃得好"——这种满足是精神性的、高级人性化的。

被定义为思维前卫的 Information Technology 厂商,在人性化方面表现得很积极。在目前的市场上,人性化已经在很多的商品中得以体现。显示器中有了更关注人身健康的液晶显示器;电脑中有了操作更加简单、方便的"一键上网"等设置;手机有了随心更换的彩壳;通过互联网可以更轻松、直观、经济、快捷地发送手机短信息等。

在技术积累达到一定程度,能够充分支持产品功能后,人性化的实现从某种角度来看并不难,关键在于厂商。厂商如果真正为用户考虑,那么一些看似细小却独具匠心的设置,就能给用户带来完全不同的感受。最近,市场上便出现了一款性能指标与其他同档次显示器几近相同,但它的外观设计却与众不同的显示器——在前面板大显示屏的下方,几个调节键组合形成一个微微弯曲、眉开光滑的月牙形,整体看上去似乎在亲切地微笑,配合它天蓝色的"面"色,显出很强的亲和力;同时,看上去使人很自然地产生一种轻松、开阔感。这款显示器就是 SONY 电子最新推出的 23 英寸液晶显示器 SONY SDM-P234。

经过一段时间的发展后,同一类 Information Technology 产品在性能、功能、质量上日趋相同;而人们在功能性方面得到满足后,产生了更高层次、更丰富的需求,人性化成为主要需求之一。于是,在供需双向力的作用下,人性化、个性化正在成为 Information Technology 产品发展的热点之一。

居民消费水平抽样调查

	购房	购车	旅游	保险	其他	合计
北京	16000	14000	6000	3000	4000	43000
上海	15000	15000	6000	2800	5000	43800
广州	18000	20000	8000	6000	6000	58000
南京	10000	8000	4000	2500	3500	28000

五、Access 操作　共 1 题（共计 12 分）

注意事项：

1. 必须在指定的试题数据库中进行答题。

2. 利用向导答题后，除添加控件外，不要改动任何由向导建立的控件设置。

3. 添加查询字段时，不可以选择"*"字段。

4. 设置命令按钮的单击事件时，必须选择相应的宏（宏组）名称，不可以使用系统自动建立的事件过程。

考生的一切操作均在打开的"test1"数据库中进行。

一、基本操作

1. 修改基本表 test1 结构，将"编号"字段设为主键，"单价"字段修改为：

字段名	数据类型	字段大小	小数位数
单价	数字	单精度型	2

2. 删除记录，其编号是"1001"。

3. 将品名为"电视机 P2935"记录的单价字段值改为"1982"，数量字段的值改为"8"。

4. 在表末尾追加如下记录：

编号	品名	单价	数量
4001	热水器	780	10
5001	微波炉	885	12

二、简单操作

1. 建立一个名为"sorta"的查询，浏览的字段为"编号、品名、单价、数量、销售金额"（销售金额=单价×数量），按照销售金额从高到低排序。

2. 在 sorta 查询的基础上建立一个名为"查询单价在 800 元以上"的查询，条件为"查询单价在 800 元以上的商品"，浏览的字段为"品名、数量"。

自测题 2

一、填空　共 10 题（共计 10 分）

第 1 题　启动 WORD 之后，默认文档的名字是【1】.DOC。

第 2 题　火车票预订系统属于【2】操作系统。

第 3 题　计算机网络的主要目标是实现【3】。

第 4 题　微处理器内部主要包括【4】、控制器和寄存器组三个部分。

第 5 题　检索年龄为 20 岁的女生的布尔表达式是:年龄=20【5】性别="女"。

第 6 题　具有中心节点的网络拓扑形式是【6】。

第 7 题　在 Word 文档中，要将一个段落的段首缩进 2 厘米，应从【7】菜单中选择段落命令。

第 8 题　计算机指令的集合称为【8】。

第 9 题　多媒体技术具有集成性、协同性、交互性、实时性、数字化、【9】以及要求传输速率高的特点。

第 10 题　Access 的数据表由【10】和记录构成。

二、判断　共 10 题 （共计 10 分）

第 1 题 在 Windows 中，启动资源管理器的方式至少有三种。

第 2 题 将 Windows 应用程序窗口最小化后，该程序将立即关闭。

第 3 题 在 Windows 中，不能删除有文件的文件夹。

第 4 题 Windows 的任务栏只能放在桌面的下部。

第 5 题 TCP/IP 协议是一组协议的统称，其中两个主要的协议即 TCP 协议和 IP 协议。

第 6 题 计算机病毒产生的原因是计算机系统硬件有故障。

第 7 题 域名是 Internet 中主机地址的数字表示。

第 8 题 在 Windows 中，若要将当前窗口存入剪贴板中，可以按 "Alt+PrintScreen" 组合键。

第 9 题 利用 "回收站" 可以恢复被删除的文件，但须在 "回收站" 没有清空以前。

第 10 题 一个 CPU 所能执行的全部指令的集合，构成该 CPU 的指令系统。每种类型的 CPU 都有自己的指令系统。

三、单项选择　共 50 题 （共计 50 分）

第 1 题 负责对 I/O 设备的运行进行全程控制的是（　　）。

A. I/O 接口　　　　B. CPU　　　　C. I/O 设备控制器　D. 总线

第 2 题 计算机网络是按照（　　）相互通信的。

A. 信息交换方式　　B. 传输装置　　C. 网络协议　　　D. 分类标准

第 3 题 在 Access 中，存储在计算机内按一定的结构和规则组织起来的相关数据的集合称为（　　）。

A. 数据结构　　　　　　　　　　B. 数据库管理系统

C. 数据库系统　　　　　　　　　D. 数据库

第 4 题 下列安全措施中，（　　）用于辨别用户（或其他系统）的真实身份。

A. 身份认证　　　　B. 数据加密　　C. 访问控制　　　D. 审计管理

第 5 题 微软公司的网上浏览器是（　　）。

A. OutlookExpress　B. InternetExplore　C. FrontPage　　D. Outlook

第 6 题 以下不属于 Internet 功能的是（　　）。

A. 信息查询　　　　B. 电子邮件传送　C. 文件传输　　　D. 程序编译

第 7 题 计算机的发展阶段通常是按计算机所采用的什么来划分的（　　）。

A. 内存容量　　　　B. 物理器件　　C. 程序设计语言　D. 操作系统

第 8 题 正常情况下，Windows 的重新热启动计算机方法是（　　）。

A. 单击 "控制面板"，单击 "系统" 图标，在菜单中选 "重新启动系统"

B. 按键盘上 "Ctrl+Alt+Del" 组合键

C. 单击【开始】按钮，单击菜单的 "关闭系统" 选项，再单击 "重新启动计算机" 选项

D. 按主机箱前方面板上的 "Reset" 键

第 9 题 UDP 提供面向（　　）的传输服务。

A. 端口　　　　　　B. 地址　　　　C. 连接　　　　　D. 无连接

第 10 题 下面（　　）是合法的 URL。

A. http://www.ncie.cn　　　　　　B. Bftp://www.ncie.gov.cnabrar

C. <I>file:</I>///C:/Downloads/abrar　D. Dhttp://www.ncie.gov.cnabhtml

第 11 题 用户的电子邮件地址中必须包括以下哪项所给出内容才算是完整?（　　）

A. 用户名，用户口令，电子邮箱所在的主机域名

B. 用户名，用户口令

C. 用户名，电子邮箱所在的主机域名

D. 用户口令，电子邮箱所在的主机域名

第 12 题 16 个二进制位可表示整数的范围是（ ）。

A. 0～65535   B. −32768～32767

C. −32768～32768   D. −32768～32767 或 0～65535

第 13 题 以下操作系统中，（ ）是单用户操作系统。

A. UNIX   B. DOS   C. Windows   D. Linux

第 14 题 在 Windows 中，文件名最多可由（ ）个字符组成。

A. 240   B. 270   C. 256   D. 255

第 15 题 在宾馆中使用计算机管理属于（ ）。

A. 信息管理应用领域   B. 人工智能应用领域

C. 科学计算应用领域   D. 电子商务应用领域

第 16 题 有关字段属性，以下叙述错误的是（ ）。

A. 字段大小可用于设置文本、数字或自动编号等类型字段的最大容量

B. 可对任意类型的字段设置默认值属性

C. 有效性规则属性是用于限制字段输入值的表达式

D. 不同的字段类型，其字段属性有所不同

第 17 题 OSI 开放式网络系统互联标准的参考模型由（ ）层组成。

A. 5   B. 6   C. 7   D. 8

第 18 题 计算机网络的组成中以下（ ）不是必须的。

A. 通信线路   B. 通信设备   C. 网络协议   D. ISP

第 19 题 下列 4 个不同数制中的最小数是（ ）。

A. (213)D   B. (1111111)B   C. (D5)H   D. (416)O

第 20 题 下列各因素中，对微机工作影响最小的是（ ）。

A. 温度   B. 湿度   C. 磁场   D. 噪声

第 21 题 计算机从规模上可分为（ ）。

A. 科学计算、数据处理和人工智能计算机   B. 电子模拟和电子数字计算机

C. 巨型、大型、中型、小型和微型计算机   D. 便携、台式和微型计算机

第 22 题 IP 地址用（ ）字节表示。

A. 2   B. 3   C. 4   D. 8

第 23 题 在 Word 的编辑状态，文档窗口显示出水平标尺，拖动水平标尺上边的"首行缩进"滑块，则（ ）。

A. 文档中各段落的首行起始位置都重新确定

B. 文档中被选择的各段落首行起始位置都重新确定

C. 文档中各行的起始位置都重新确定

D. 插入点所在行的起始位置被重新确定

第 24 题 在 Word 文档编辑中，如果想在某一个页面没有写满的情况下强行分页，可以插入（ ）。

A. 边框   B. 项目符号   C. 分页符   D. 换行符

第 25 题 在 "大纲" 视图中，可以（   ）。

A. 移动幻灯片   B. 编辑文字   C. 删除幻灯片   D. 以上都可以

第 26 题 Internet Explore 浏览器能实现的功能不包含（   ）。

A. 资源下载   B. 阅读电子邮件   C. 编辑网页   D. 查看网页源代码

第 27 题 在关机后（   ）中存储的内容就会丢失。

A. ROM   B. RAM   C. EPROM   D. 硬盘数据

第 28 题 以下关于文件的描述中，（   ）是正确的。

A. 保存在 Windows 文件夹中的项目就是文件

B. 文件是命名的相关信息的集合

C. 文件就是正式的文档

D. 文件就是能打开看内容的那些图标

第 29 题 所谓计算机病毒，是指（   ）。

A. 能破坏计算机系统各种资源的小程序或操作命令

B. 特制的能破坏计算机内的信息且能自我复制的程序

C. 计算机内存存放的，已被破坏的程序

D. 能感染计算机操作者的生物病毒

第 30 题 在计算机应用领域中 CAD 指的是（   ）。

A. 计算机辅助设计   B. 计算机人工智能

C. 计算机自动控制   D. 电子商务

第 31 题 在计算机系统中，使用显示器时一般需配有（   ）。

A. 网卡   B. 声卡   C. 图形加速卡   D. 显示卡

第 32 题 在 Windows 中，对同时打开的多个窗口进行层叠式排列，这些窗口的显著特点是（   ）。

A. 每个窗口的内容全部可见   B. 每个窗口的标题栏全部可见

C. 部分窗口的标题栏不可见   D. 每个窗口的部分标题栏可见

第 33 题 密码学中，发送方要发送的消息称作（   ）。

A. 原文   B. 密文   C. 明文   D. 数据

第 34 题 在 Word 编辑状态下，若要调整光标所在段落的行距，首先进行的操作是（   ）。

A. 打开 "编辑" 下拉菜单   B. 打开 "视图" 下拉菜单

C. 打开 "格式" 下拉菜单   D. 打开 "工具" 下拉菜单

第 35 题 根据计算机网络覆盖地理范围的大小，网络可分为局域网和（   ）。

A. WAN   B. NOVELL   C. 互联网   D. INTERNET

第 36 题 在 Windows 中，要改变屏幕保护程序的设置，应首先双击控制面板窗口中的（   ）。

A. "多媒体" 图标   B. "显示" 图标   C. "键盘" 图标   D. "系统" 图标

第 37 题 下列关于计算机合成图像（计算机图形）的应用中，错误的是（   ）。

A. 可以用来设计电路图

B. 可以用来生成天气图

C. 计算机只能生成实际存在的具体景物的图像，不能生产虚拟景物的图像

D. 可以制作计算机动画

第 38 题 在 Windows 中，若光标变成"I"形状，则表示（   ）。

A. 当前系统正在访问磁盘   B. 可以改变窗口的大小

C. 光标出现处可以接收键盘的输入   D. 可以改变窗口的位置

第 39 题 十六进制数 1000 转换十进制数是（   ）。

A. 8192   B. 4096   C. 1024   D. 2048

第 40 题 从第一台计算机诞生到现在的 50 多年中计算机的发展经历了（   ）个阶段.

A. 3   B. 4   C. 5   D. 6

第 41 题 非法接收者试图从密文分析出明文的过程称为（   ）。

A. 破译   B. 解密   C. 读取   D. 翻译

第 42 题 下列关于在 Windows 中删除文件的说法中，不正确的是（   ）。

A. 文件删除就不能恢复   B. 按住"Shift"键状态下的删除命令不可恢复

C. 文件删除总能恢复   D. 按住"Ctrl"键状态下的删除命令不可恢复

第 43 题 在网络中为其他计算机提供共享硬盘，共享打印机及电子邮件服务等功能的计算机称为（   ）。

A. 网络协议   B. 网络服务器   C. 网络拓扑结构   D. 网络终端

第 44 题 当你使用 WWW 浏览页面时，你所看到的文件叫做（   ）文件。

A. Windows   B. 二进制文件   C. 超文本   D. DOS

第 45 题 "粘贴"、"剪切"和"复制"命令出现在功能区上的什么地方？

A. 最后一个选项卡上   B. 第一个选项卡上

C. 快速访问工具栏上   D：中间选项卡上

第 46 题 通过机房的局域网连入 Internet 不需要（   ）。

A. 网线   B. 网卡   C. 调制解调器   D. 集线器

第 47 题 数据库系统与文件系统的主要区别是（   ）。

A. 数据库系统复杂，而文件系统简单

B. 文件系统只能管理程序文件，而数据库系统能够管理各种类型的文件

C. 文件系统不能解决数据冗余和数据独立性问题，而数据库系统可以解决

D. 文件系统管理的数据量较少，而数据库系统可以管理庞大的数据量

第 48 题 HTML 文件必须由特定的程序进行编译和执行才能显示，这种编译器就是（   ）。

A. 文本编辑器   B. 解释程序   C. 编译程序   D. Web 浏览器

第 49 题 下列（   ）是计算机网络的功能？

A. 文件传输   B. 设备共享   C. 信息传递与交换   D. 以上均是

第 50 题 在 Windows 中，设置、改变系统日期和时间可在（   ）。

A. 桌面   B. 我的电脑   C. 窗口   D. 控制面板

四、Word 操作 共 1 题（共计 20 分）

请在打开的 Word 的文档中，进行下列操作。完成操作后，请保存文档并关闭 Word。

1. 页面设置，上、下页边距均为"73.7 磅"，左、右页边距均为"99.25 磅"，页眉、页脚距边界均为"45.35 磅"，页眉文字为"中国年画"，对齐方式为"居中"。

2. 设置标题文字"中国年画的风采"字体为"方正舒体"，字号为"一号"，颜色为"金色"，对齐方式为"居中"，段前、段后间距均为"12 磅"。

3. 设置正文第 1 段至第 8 段"民间年画、门神……造型质朴简练，填色鲜艳悦目。"字体为

"仿宋_GB2312"，字号为"小四"，首行缩进为"24磅"，行距为"固定值18磅"。

4. 设置正文第1段"民间年画、门神……故称"年画"。"段前、段后各"8磅"，底纹填充色为"橙色"，应用于"段落"。

5. 插入考生文件夹中图片"图片一.jpg"，高度为"150磅"，宽度为"230磅"，环绕方式为"四周型"，放置在正文第2段"年画是我国一种……芳容图》。"，插入图片"图片二.jpg"，环绕方式为"衬于文字下方"，调整图片位置正好覆盖第二页所有文字。

6. 插入一个竖排文本框，高度为"160磅"，宽度为"80磅"，设置文字内容为"年画历史"，字体为"方正舒体"，字号为"小初"，版式为"紧密型"，线条颜色为"淡紫色"，填充色为"茶色"，放置在第四段"民间年画是中国……雅俗共赏的特点。"的左侧。

7. 在正文第5段"苏州桃花坞年画……都有收藏。"之前插入"第2行第3列"样式的艺术字，设置文字内容为"年画四大家"，环绕方式为"衬于文字下方"，放置在第5段"苏州桃花坞年画……都有收藏。"中间，设置正文第6、第7两段"天津杨柳青年……对比有力。"分栏，栏数为"2栏，偏左"，栏间添加"分隔线"。

五、Access 操作　共 1 题（共计 12 分）

注意事项：

1. 必须在指定的试题数据库中进行答题。

2. 利用向导答题后，除添加控件外，不要改动任何由向导建立的控件设置。

3. 添加查询字段时，不可以选择"*"字段。

4. 设置命令按钮的单击事件时，必须选择相应的宏（宏组）名称，不可以使用系统自动建立的事件过程。

考生的一切操作均在打开的"学生基本情况.mdb"数据库中进行。

一、基本操作

1. 在"学生"表中添加一个名为"照片"的字段，设置数据类型为"OLE 对象"，更改"住校否"字段的数据类型为"是/否"。

2. 设置"学生"表中"学生 ID"字段为主键。

3. 设置"学生"表的数据进行排序，使数据先按"入校日期"字段"升序"，后按"年龄"字段"升序"显示。

4. 对主表"学生"与相关表"成绩"，建立关系并实施参照完整性，对主表"课程"与相关表"成绩"，建立关系并实施参照完整性与级联删除相关记录。

二、简单应用

1. 建立一个名为"Q1"的查询，统计各科的成绩总分和平均分。数据来源为"成绩""课程"表，显示"课程 ID、课程名称、成绩总计、成绩平均值"字段。显示格式及内容参照样张图片。

2. 建立一个名为"Q2"的查询，查找年龄在 18 到 20 之间（包括 18 岁和 20 岁）的学生记录，并显示"学生"表中"姓名、性别、年龄、入校时间"字段。显示格式及内容参照样张图片。

3. 建立一个名为"Q3"的删除查询，将"学生"表中"学生 ID"为"20041004"的学生记录删除。

三、综合应用

利用窗体向导建立一个带有子窗体的窗体，具体要求如下：

1）窗体显示"学生"表中全部字段，子窗体显示"成绩"表中全部字段；

2）子窗体布局为"数据表"，样式为"标准"；

3）窗体名为"学生"，子窗体名为"成绩 子窗体"；

4）在窗体页眉处添加一个标签控件，设置名称为"Label20"，标题为"学生详细信息"，字体名称为"黑体"，字号为"24"，字体粗细为"加粗"；

5）设置窗体标题为"学生详细信息"；

6）去掉子窗体中的导航按钮、分割线和记录选择器；

7）显示格式及内容参照样张图片。

自测题 3

一、填空　共 10 题（共计 10 分）

第 1 题　在 Word 中编辑页眉和页脚的命令在【1】菜单中。

第 2 题　网络协议的关键要素包括语法、【2】和时序。

第 3 题　TCP/IP 体系结构可以分成 5 个层次, 由低到高分别为物理层、数据链路层、网络层、传输层和【3】。

第 4 题　文本、声音、图形、图像、动画和【4】等信息的载体中的两个或多个的组合成为多媒体。

第 5 题　触摸屏属于【5】设备。

第 6 题　微处理器内部主要包括【6】、控制器和寄存器组三个部分。

第 7 题　计算机网络的主要目标是实现【7】。

第 8 题　Photoshop 是【8】处理软件。

第 9 题　计算机硬件系统能够直接识别并执行【9】。

第 10 题　检索年龄为大于 20 岁的女生的布尔表达式是:年龄【10】20 AND 性别="女"。

二、判断　共 10 题　（共计 10 分）

第 1 题　微型计算机使用的键盘上的 "Shift" 键称为上档键。

第 2 题　计算机病毒是一种微生物感染的结果。

第 3 题　不同厂家生产的计算机一定互相不兼容。

第 4 题　WWW 是一种基于超文本方式的信息查询工具, 可在 Internet 上组织和呈现相关的信息和图像。

第 5 题　数据库避免了一切的数据冗余。

第 6 题　OSI 模型中最底层和最高层分别为:物理层和应用层。

第 7 题　Ipconfig 命令用于检查当前 TCP/IP 网络中的配置变量。

第 8 题　局域网常用传输媒体有双绞线、同轴电缆、光纤三种, 其中传输速率最快的是光纤。

第 9 题　Windows 应用程序某一菜单的某条命令被选中后, 该菜单右边又出现了一个附加菜单（或子菜单）, 则该命令后跟"..."。

第 10 题　电子政务就是企业与政府间的电子商务。

三、单项选择　共 50 题　（共计 50 分）

第 1 题　计算机网络按所覆盖的地域分类, 可分为（　　）、MAN 和 WAN。

A. CAN　　　　　　B. LAN　　　　　　C. SAN　　　　　　D. VAN

第 2 题　不属于计算机输出设备的是（　　）。

A. 显示器　　　　　B. 绘图仪　　　　　C. 打印机　　　　　D. 扫描仪

第 3 题　存储 400 个 24×24 点阵汉字字形所需的存储容量是（　　）。

A. 255KB　　　　　B. 75KB　　　　　C. 37.5KB　　　　　D. 28.125KB

第 4 题　下列不能用作存储容量单位的是　（　　）。

A. Byte　　　　　　B. MIPS　　　　　C. KB　　　　　　D. GB

第 5 题　下列关于 Internet 的说法, 错误的是（　　）。

A. Internet 是目前世界上最大的计算机网络

B. Internet 的前身是 ARPANet

C. Internet 中, DNS 的功能是将 IP 地址转化为域名

D. Internet 采用的协议是 TCP/IP 协议

第 6 题　在 Windows 中, 不能进行打开 "资源管理器" 窗口的操作是（　　）。

A. 用鼠标右键单击 "开始" 按钮　　　　B. 用鼠标左键单击 "任务栏" 空白处

C. 用鼠标右键单击 "任务栏" 空白处　　D. 用鼠标右键单击 "我的电脑" 图标

第 7 题 计算机网络是计算机与（　　　　）结合的产物。

A. 电话　　　　　　　　B. 通信技术　　　　C. 线路　　　　　　D. 各种协议

第 8 题 在下列（　　　）菜单中可以找到"母版"命令。

A. 视图　　　　　　　　B. 插入　　　　　　C. 文件　　　　　　D. 编辑

第 9 题 显示器、音响设备可以作为计算机中多媒体的（　　　）。

A. 感觉媒体　　　　　　B. 存储媒体　　　　C. 显示媒体　　　　D. 表现媒体

第 10 题 第一台电子计算机 ENIAC 诞生于（　　　　）年。

A. 1927　　　　　　　　B. 1936　　　　　　C. 1946　　　　　　D. 1951

第 11 题 在 Windows 中，能弹出对话框的操作是（　　　）。

A. 选择了带省略号的菜单项　　　　　　　　B. 选择了带向右三角形箭头的菜单项

C. 选择了颜色变灰的菜单项　　　　　　　　D. 运行了与对话框对应的应用程序

第 12 题 在 Word 文档编辑中，可以删除插入点前字符的按键是（　　　）。

A. "Del"　　　　　　　B. "Ctrl+Del"　　　C. "Backspace"　　D. "Ctrl+Backspace"

第 13 题 在 Windows 中，屏幕上可以同时打开若干个窗口，但是（　　　）。

A. 其中只能一个是当前活动窗口，它的标题栏颜色与众不同

B. 其中只能一个在工作，其余都不能工作

C. 它们都不能工作，只有其余都关闭、留下一个才能工作

D. 它们都不能工作，只有其余都最小化以后、留下一个窗口才能工作

第 14 题 在数据库系统中，除了可用层次模型和关系模型表示实体类型及实体间联系的数据模型以外，还有（　　　）。

A. E-R 模型　　　　　　B. 网状模型　　　　C. 信息模型　　　　D. 物理模型

第 15 题 "WWW"就是通常说的（　　　）的简称。

A. 电子邮件　　　　　　　　　　　　　　　B. 网络广播

C. 全球信息服务系统　　　　　　　　　　　D. 网络电话

第 16 题 Internet 的通信协议是（　　　）。

A. TCP/IP　　　　　　　B. OSI/ISO　　　　C. NetBEUI　　　　D. SMTP

第 17 题 在拨号入网时，（　　　）不是必备的硬件。

A. 计算机　　　　　　　B. 电话线　　　　　C. 调制解调器　　　D. 电话机

第 18 题 如果按字长来划分，微型机可分为 8 位机、16 位机、32 位机、64 位机和 128 位机等。所谓 32 位机是指该计算机所用的 CPU。

A. 一次能处理 32 位二进制数　　　　　　　B. 具有 32 位的寄存器

C. 只能处理 32 位浮点数　　　　　　　　　D. 有 32 个寄存器

第 19 题 Web 上每一个网页都有一个独立的地址,这些地址称作统一资源定位器,即(　　　)。

A. WWW　　　　　　　　B. URL　　　　　　C. HTTP　　　　　　D. USL

第 20 题 在"打印机"窗口中有一份正被打印的文档，选择"文档"菜单项中的（　　　）项可暂停打印。

A. 取消　　　　　　　　B. 暂停　　　　　　C. 查看　　　　　　D. 删除

第 21 题 把电子邮件从客户机传输到服务器，以及从某个服务器传输到另一个服务器的网络协议是（　　　）。

A. POP3　　　　　　　　B. HTTP　　　　　　C. FTP　　　　　　D. SMTP

第 22 题 下列关于计算机硬件组成的描述中，错误的是（　　）。

A. 计算机硬件包括主机与外设

B. 主机通常指的就是 CPU

C. 外设通常指的是外部存储设备和输入/输出设备

D. CPU 的结构通常由运算器、控制器和寄存器组三部分组成

第 23 题 通过电话线拨号入网，（　　）是必备的硬件。

A. 调制解调器　　　　B. 光驱　　　　C. 声卡　　　　D. 打印机

第 24 题 在 Windows 中，许多应用程序的"文件"菜单中都有"保存"和"另存为"两个命令，下列说法中正确的是（　　）。

A. 这两个命令是等效的

B. "保存"命令只能用原文件名存盘，"另存为"命令不能用原文件名存盘

C. "保存"命令用于更新当前窗口中正在编辑的磁盘文件，如果该文件尚未命名，"保存"命令与"另存为"命令等效

D. "保存"命令不能用原文件名存盘，"另存为"命令只能用原文件名存盘

第 25 题 下列关于数字图书馆的描述中，错误的是（　　）。

A. 它是一种拥有多种媒体、内容丰富的数字化信息资源

B. 它是一种能为读者方便、快捷地提供信息的服务机制

C. 它支持数字化数据、信息和知识的整个生命周期的全部活动

D. 现有图书馆的藏书全部数字化并采用计算机管理就实现了数字图书馆

第 26 题 在网页中观察超链接存在与否，最直接的方法是（　　）。

A. 观察文字是否有下划线

B. 观察图片是否加框

C. 将指针指向文字或图片，观察指针是否变成手形

D. 观察文字的颜色

第 27 题 不同的图像文件格式往往具有不同的特性，有一种格式具有图像颜色数目不多、数据量不大、能实现累进显示、支持透明背景和动画效果、适合在网页上使用等特性，这种图像文件格式是（　　）。

A. TIF　　　　　B. GIF　　　　　C. BMP　　　　　D. JPEG

第 28 题 CNKI 用户下载的资料需要通过（　　）软件打开。

A. Word　　　　B. 写字板　　　　C. Cajviewer　　　　D. IE

第 29 题 微型计算机中，普遍使用的字符编码是（　　）。

A. 补码　　　　B. 原码　　　　C. ASCII 码　　　　D. 汉字编码

第 30 题 下列关于计算机病毒的说法中，正确的是（　　）。

A. 杀病毒软件可清除所有病毒　　　　B. 计算机病毒通常是一段可运行的程序

C. 加装防病毒卡的计算机不会感染病毒　　　　D. 病毒不会通过网络传染

第 31 题 "Shift"键在键盘中的（　　）。

A. 主要输入区　　　B. 编辑键区　　　C. 小键盘区　　　D. 功能键区

第 32 题 微型计算机系统包括（　　）。

A. 硬件系统和软件系统　　　　　　B. CPU 和外设

C. 主机和各种应用程序　　　　　　D. 闪存、ROM 和 RAM

第 33 题　Internet 中，为网络中每台主机分配的唯一地址，称为（　　　）。

A. WWW 服务器地址　　　　　　　　　B. TCP 地址

C. IP 地址　　　　　　　　　　　　　D. WWW 客户机地址

第 34 题　网页制作时，欲将访问者输入数据结果提交给网站，可用（　　　）。

A. 文本框　　　　B. 单选框　　　　C. 复选框　　　　D. 按钮

第 35 题　计算机系统中存储容量最大的部件是（　　　）。

A. 硬盘　　　　　B. 主存储器　　　C. 高速缓存器　　D. U 盘

第 36 题　HTTP 是（　　　）。

A. 超文本标记语言　　　　　　　　　B. 超文本传输协议

C. 搜索引擎　　　　　　　　　　　　D. 文件传输协议

第 37 题　下面是一些常用的文件类型，其中（　　　）文件类型是最常用的 WWW 网页文件。

A. txt 或 text　　B. htm 或 html　　C. gif 或 jpeg　　D. wav 或 au

第 38 题　外存储器中的信息，必须首先调入（　　　），然后才能供 CPU 使用。

A. RAM　　　　　B. 运算器　　　　C. 控制器　　　　D. ROM

第 39 题　在 PC 中负责各类 I/O 设备控制器、CPU 与存储器之间相互交换信息、传输数据的一组公用信号线称为（　　　）。

A. I/O 总线　　　B. CPU 总线　　　C. 存储器总线　　D. 前端总线

第 40 题　（　　　）可以用 G 来表示。

A. 1024K　　　　B. 1024M　　　　C. 1000K　　　　D. 1000M

第 41 题　电子商务是借助于（　　　）进行的交易活动。

A. 电话　　　　　B. 电视　　　　　C. 计算机网络　　D. 传真

第 42 题　调制解调器按外型分，可分为（　　　）。

A. 软猫和硬猫　　　　　　　　　　　B. 内置和外置

C. 调制器和解调器　　　　　　　　　D. 模拟的和数字的

第 43 题　在 Windows 中，关于"剪贴板"的叙述中，不正确的是（　　　）。

A. 凡是有"剪切"和"复制"命令的地方，都可以把选取的信息送到"剪贴板"中

B. 剪贴板中的信息可被复制多次

C. 剪贴板中的信息可以自动保存成磁盘文件并长期保存

D. 剪贴板既能存放文字，还能存放图片等

第 44 题　以下各项中，不是 Access 字段类型的是（　　　）。

A. 文本型　　　　B. 数字型　　　　C. 货币型　　　　D. 窗口型

第 45 题　最基础、最重要的系统软件是（　　　）。

A. WPS 和 WORD　　B. 操作系统　　C. 应用软件　　　D. EXCEL

第 46 题　Internet 的基础协议是（　　　）。

A. OSI　　　　　B. NetBEUI　　　C. IPX/SPX　　　D. TCT/IP

第 47 题　中国互联网络信息中心（CNNIC）的功能是（　　　）。

A. 为我国境内的互联网络用户提供域名注册、IP 地址分配

B. 提供网络技术资料、使用网络的政策、法规、用户入网的办法

C. 提供网络通信目录、WWW 主页目录、网上各种信息库的目录等服务

D. 以上都正确

第 48 题 在 Word 文档中有一段被选取，当按 Delete 键后（   ）。

A. 删除此段落   B. 删除了整个文件

C. 删除了之后的所有内容   D. 删除了插入点以及其之间的所有内容

第 49 题 在 Internet 中，数字包在传输过程中可能出现顺序颠倒，数字丢失，数据失真，甚至数据重复现象，这种问题可能由（   ）协议来完成。

A. FTP   B. IP   C. TCP   D. UDP

第 50 题 在 Access 中，表设计器的工具栏中的【视图】按钮的作用是（   ）。

A. 用于显示、输入、修改表的数据

B. 用于修改表的结构

C. 可以在"设计视图"和"数据表视图"两个显示状态之间进行切换

D. 以上都不对

四、Word 操作　共 1 题（共计 20 分）

请在打开的 Word 的文档中，进行下列操作。完成操作后，请保存文档并关闭 Word。

1. 页面设置，纸张大小为"A4"。页边距上、下为"79.4 磅"，左、右为"90.7 磅"，页眉、页脚距边界均为"45.35 磅"。

2. 设置页眉文字为"中国动漫名家"，对齐方式为"右对齐"。页脚插入页码。

3. 在正文前输入标题文字"中国动漫名家黄玉郎"，字体为"华文彩云"，字号为"二号"，颜色为"粉红色"，对齐方式为"居中"，段前间距为"7.8 磅"，段后间距为"7.8 磅"。

4. 设置全部正文字体为"仿宋_GB2312"，字号为"小四"，首行缩进为"21 磅"，对齐方式为"左对齐"，行距"固定值 18 磅"。

1）正文第 1 段"动漫产业……生产和经营的产业。"设置段前、段后间距均为"10 磅"，设置边框为"三维"，线型为"倒数第 4 个"，应用范围为"段落"，底纹填充色为"淡紫"，样式为"10%"，应用于"段落"，设置首字下沉，行数为"3 行"；

2）如样张图所示，插入考生文件夹中的图片"葫芦.jpg"，环绕方式为"紧密型"，放置在正文第 3 段"黄玉郎本名黄振隆……事业奠定了基础。"左侧；

3）给正文第 4 段"由于黄玉郎眼光敏锐……连环画周刊。"文字加横排文本框，环绕方式为"紧密型"，线条颜色为"橙色"，填充色为"玫瑰红"；

4）在正文第 5 段"当时香港有一定影响……已经名存·主·亡。"中间插入"第 1 行第 5 列"样式的艺术字，设置文字内容为"从鼎盛到衰落"，字体为"隶书"，字号为"44 号"，环绕方式为"四周型"，给艺术字添加阴影，样式为"阴影样式 6"；

5）设置正文第 6、7 段"20 年来，黄玉郎……人们正拭目以待。"分栏，栏数为"2 栏"，栏宽不等，第 1 栏宽度为"157.5 磅"，剩下的宽度留给第 2 栏，栏间添加"分隔线"。

5. 插入如样张图 2 所示的考生文件夹中图片"背景.jpg"，环绕方式为"衬于文字下方"，高度为"439.35 磅"，宽度为"425.2 磅"，调整图片位置正好覆盖最后两段。

6. 插入一个竖排文本框，设置文字内容为"重振旗鼓"，字体为"宋体"，字号为"初号"，环绕方式为"紧密型"，文本框填充色为"淡紫色"，线条颜色为"绿色"，移动文本框放到本文倒数第二段"20 年来……冲昏了头脑"。

7. 插入自选图形"基本形状"类的"心形"，在图形中添加文字"誓言"，字体为"宋体"，字号为"二号"，颜色为"紫罗兰"，环绕方式为"四周型"，放于最后一段的任意位置，图形的填充色为"酸橙色"，线条颜色为"蓝色"，线条宽度为"1 磅"。

中国动漫名家黄玉郎

漫产业，是检以"创意"为核心，以动画、漫画为表现形式，包含动漫图书、报刊、电影、电视、音像制品、舞台剧和基于现代信息传播技术手段的动漫新品种等的动漫直接产品的开发、生产、出版、播出、演出和销售，以及与动漫形象有关的服装、玩具、电子游戏等衍生产品的生产和经营的产业。

　　在 600 万人口的香港，读漫画的人大约有 100 万。在这 100 万人中，没有人不知道黄玉郎的大名。可以说，香港近 20 年漫画业的快速兴起，与黄玉郎的名字是分不开的。

　　黄玉郎本名黄振隆，1950 年出生在潮州，7 岁到香港，13 岁辍学，帮人画漫画，并用"黄玉郎"的笔名出版了一部叫做《超人之子》的漫画，初步显示出了他的才华。15 岁时，先后与人合伙创办了两种漫画日报和一个出版社，但都失败了。他笔不气馁，再接再厉，在 1969 年 18 岁的时候推出了他的漫画《小流氓》，第一期发行量达 7000 册，创香港漫画发行量的新记录。他也因而一举成名，并为他开创宏大的事业奠定了基础。

　　由于黄玉郎眼光敏锐，勇于开拓，善于经营，到了 1979 年已经有了较大的实力，于是便成立了玉郎国际集团有限公司。不久，又把唯一的对手上官小宝的家底全部吞并过去。1983 年，除了出版《龙虎门》外，还出版有《醉拳》《如来神掌》《李小龙》《中华英雄》《漫画帝国》《玉郎漫画》《奔星仔》等多种连环画周刊。

　　当时香港有一定影响的漫画作者几乎都出自他的公司。1986 年，玉郎集团的股票上市，一帆风顺，万事亨通。上市前，他的资产还不到一亿港元，而一年后竟达到 20 亿，暴增 20 倍。1987 年是黄玉郎鼎盛的年份，全香港漫画营业额的 80% 以们所有。他漫画帝国，人自然是帝了。可是，上都为他自称"玉郎黄玉郎本国的皇帝"，好景不长。

从鼎盛到衰落

　　就在这个时候，失败的种子也在内部发芽生长。黄玉郎连遭几次打击后，终于

样张图

五、Access 操作　共 1 题（共计 10 分）

注意事项：

1. 必须在指定的试题数据库中进行答题。

2. 利用向导答题后，除添加控件外，不要改动任何由向导建立的控件设置。

3. 添加查询字段时，不可以选择"*"字段。

4. 设置命令按钮的单击事件时，必须选择相应的宏（宏组）名称，不可以使用系统自动建立的事件过程。

考生的一切操作均在打开的"雇员信息.mdb"数据库中进行。

一、基本操作

1. 设置"雇员"表的"雇员名称"字段为必填字段。

2. 设置"雇员"表的"雇用日期"字段默认值为系统日期。

3. 设置"雇员"表的"雇用日期"字段必须满足小于当前系统日期，当违反此规则时，显示"输入的雇用日期有误，请重新输入!"。

4. 取消"产品"表中"单价"字段的隐藏。

二、简单应用

1. 建立一个名为"Q1"的查询，查找价格在 5000 元至 10000 元之间的产品（包括 5000 元

和 10000 元），具体要求如下：

1）数据来源为"产品"表；

2）显示"产品号"、"产品名"、"供应商"和"单价"字段。

2. 建立一个名为"Q2"的查询，计算"优惠后价格"，具体要求如下：

1）数据来源为"产品"表；

2）显示"产品名"、"单价"、"优惠后价格"和"供应商"字段；

3）说明：优惠后价格=单价*（1-10%）。

3. 建立一个名为"Q3"的查询，将所有订单发货时间进行更新，使其推迟十天。数据来源为"订单"表。

4. 建立一个名为"H1"的宏，功能为：

1）打开名为"产品"的窗体；

2）显示一个提示框，设置标题为"欢迎使用"，消息为"正在打开产品信息表"；

3）关闭打开的"产品"窗体。

5. 利用"报表向导"建立一个名为"P1"的报表，按产品号进行分组，显示内容为"产品号"、"订单号"、"产品名"、"订货数量"和"售价"字段。

三、综合应用

1. 利用"窗体向导"建立一个名为"W1"的窗体，显示内容为"订单"表的全部字段，布局为"纵栏表"，样式为"沙岩"，在窗体页脚节位置依次添加四个命令按钮，设置名称依次为"命令10"、"命令11"、"命令12"和"命令13"，标题依次为"打开表"、"首记录"、"末记录"和"退出"。

2. 创建带有子窗体的窗体，窗体名为"W2"，显示"订单"表内容。子窗体名为"订单明细子窗体"；布局为"数据表"，显示"订单明细"表内容。在窗体页眉节中添加一标签设置，名称为"标签12"；标题为"订单信息"；字体为"黑体"；字号为"16"，去掉两个窗体中的导航按钮和记录选择器。